# 家庭水族箱

# Home Aquarium

馨水族工作室 编著

海洋出版社

2013 · 北京

## 内 容 简 介

本书用生动翔实的语言介绍了家庭水族箱的制作、选购、维护管理和发展历史。对在家中饲养观赏鱼的技术进行了细致的阐述。同时，对包括水族箱玻璃、底柜、水泵、过滤器等硬件设备的选购、维护给出了指导意见。

本书还特地为喜欢自己动手制作水族箱的爱好者提供了可参照的数据和图纸。为养鱼新手归纳介绍了 20 余组适合搭配饲养的观赏鱼。相信本书一定能成为饲养观赏鱼爱好者的得力助手。

图书在版编目（CIP）数据

家庭水族箱 / 馨水族工作室编著. — 北京 : 海洋出版社，2013.10

（水族宠物系列丛书）

ISBN 978-7-5027-8669-4

Ⅰ. ①家… Ⅱ. ①馨… Ⅲ. ①水族箱—基本知识 Ⅳ. ①S965.8

中国版本图书馆 CIP 数据核字（2013）第 229398 号

责任编辑：常青青

责任印制：赵麟苏

海洋出版社 出版发行

http://www.oceanpress.com.cn

北京市海淀区大慧寺路 8 号　邮编：100081

北京旺都印务有限公司印刷　　新华书店北京发行所经销

2013 年 10 月第 1 版　　2013 年 10 月第 1 次印刷

开本：170mm×230mm　1/16　印章：14.75

字数：226 千字　定价：88.00 元

发行部：62132549　邮购部：68038093　总编室：62114335

海洋版图书印、装错误可随时退换

# 前　言

饲养观赏鱼是一种高雅的休闲爱好，从古至今皆是如此。还记得老人们说过：“天棚鱼缸石榴树，先生肥狗胖丫头，欲高门第需行善，要好儿孙在读书。”这是一种生活的态度，也是一种对生活的追求。

读书是用来学技术、长知识的，比如说读这本书的朋友，肯定想知道新买的水族箱怎样管理，那些鱼如何喂养。这不是什么难题，本书会一点一点地介绍给您，而且尽量让您阅读得不枯燥。本系列丛书相比以前的同类书籍，设法做出了一些改变。我们希望每个读者都能拿着本书轻松地选购水族箱、买鱼，并能照顾好他们。所以，我们没有把这里边的科学高深化，而是尽量用咱老百姓能看明白的说法来解释它们。一些家庭养鱼中用不到的东西，我们都尽量省略了。加入了大量水族箱历史和相关文化的文字。这是我们特别想做的。

无论如何，家庭饲养观赏鱼不是一种生产，更不是一种产业，不是农学，也不是高科技。它不产生直接的经济价值，只是让我们心里更快乐。鱼的美丑、水族箱内景色好坏的评价，归根结底是一种文化，一种给自然动植物植入了人类思想的文化。因此，可以说“养鱼，养的就是文化”。有的时候，即使不养鱼的人，也喜欢参观水族馆，看《动物世界》，翻阅国家地理杂志。这是我们对欣赏自然的向往，即便不是真实的动物，影片、文字，我们一样觉得很好看。因为，今天饲养观赏动物的活动，实际是一种人文爱好，动物只是这种爱好的一个载体。

所以，写水族箱的书，不是放在大学课堂上讲的，也不是下基层搞技术培训用的。它就是躺在沙发上，吃着零食轻松看的。我们相信，除去书中那些实用技术外，水族箱和观赏鱼所蕴含的丰富历史故事，一定也会让您感到别有收获。

白　明

2013年6月于北京

# 目录

静下心来，都市生活与大自然
只隔着一片玻璃

谨以此书，献给品味生活的朋友们……

# 第一章
## 家中的水下世界

养鱼寄语：不要相信观赏鱼投资，近年来有些人炒作观赏鱼投资，比如繁殖花罗汉、孔雀鱼、金鱼等，导致不少人放弃了原本的爱好，开始买鱼繁殖，希望得到可观的利润，结果都是血本无归。要记住，“物以稀为贵”。养殖观赏鱼是非常辛苦而且利润微薄的行业，之所以有些鱼的价格能卖很高，是因为得到它需要万里挑一或十万里挑一，同窝繁殖出的其他鱼全部是废品一分不值。而筛选幼鱼的方法非常难，需要至少有 10 年以上养殖经验的人才能掌握。即便是这样，当这种鱼真的繁殖多了，或者流行趋势过去了，它的价格也会大幅缩水。因此，所谓观赏鱼投资，就是某些不法商贩向你高价推销某种鱼的手段。放弃争名逐利，让我们安静地欣赏家中的水下世界该有多好。

一群小鱼从水草间隙游过，若有所思，看到它们我的心一下放松下来。大自然原本如此美好……

"从地到天，从天到地，天地万物多么神奇，谁能解开这些奥秘，就会变得聪明无比。"这是20世纪80年代中央电视台一档节目的主题歌，节目的名字是《天地之间》。在我们生活的地球上，繁衍着许多稀奇古怪、绚丽多彩的生物。千百年来，我们从来没有停止过对这些动植物的探索，这给我们的生活带来了许多奇妙的感受，而且还促进着科学文化的发展。天空的飞鸟、丛林的野兽、水中的游鱼，他们相得益彰，协同点缀着奇妙的大自然。

为了更多地拥有这奇妙的大自然，我们的祖先从两千多年前就开始饲养观赏动植物，而且一直延续到现在。在这过程中，这种爱好得到了广泛的发展，出现了许多分支，有喜欢饲养鸟类的，有喜欢饲养兽类的，当然也有喜欢饲养鱼类的。我想你一定就是喜欢鱼类的一员，不然你怎会垂青本书呢。那么，我们是有共同爱好的。我们共同迷恋于玻璃水箱中的精彩景观，欣赏那些鱼儿在自己家中生活繁衍的场景，赞美大自然是怎样给这些水下生命披上了如此美丽的"外衣"。

诚然，我们彼此各拥有一个或多个家中的"水下世界"，那么这个爱好因何而来，又是怎样带给人们快乐的呢？让我们从水族箱的历史说起。

## 水族箱的发明

将鱼饲养于室内透明的缸内作观赏用途这个概念，是近代衍生出来的。但难以准确定出其出现的时间。1665年，日记作者塞缪尔·佩皮斯（Samuel Pepys）记述了他在伦敦看见的一件精巧的珍品，鱼儿被饲养于一个玻璃水缸里，它们可以生存很长时间，这些鱼被细致地标示着它们是外来品种。佩皮斯所见的鱼，很可能是叉尾斗鱼，一种中国南方常见饲养的小鱼，当时由不列颠东印度公司进行买卖。18世纪，瑞士博物学家特朗布雷（Abraham Trembley）将发现于荷兰一个花园河道里

在电视机被发明以前，晚饭后全家人围拢在水族箱旁欣赏其中美丽的水生生物，是18世纪欧洲贵族的高级享受

的水螅饲养在圆柱形的玻璃瓶内作研究。换言之，将鱼饲养于玻璃容器这个概念的出现，不迟于这段时期。

虽然所有的历史资料都可以证实，中国是较早畜养观赏鱼的国家之一，但很遗憾，水族箱并不是我们发明的。在中国古代，水族（簇，古时多用此字）这个名词多出现在神话和小说中，常与飞禽、走兽一起代表世界上所有的动物。即：但凡动物分为三类，飞禽、走兽、水族，飞禽以凤凰为首，走兽以麒麟为首，水族以龙为首。现代水族箱这个说法则是从英文“Aquarium”翻译简化而来。

水族箱泛指用来饲养水生动植物的器皿，在这个词被发明之前，我们多称呼养鱼的器皿为鱼缸，有瓦缸、瓷缸、玻璃缸等。你也许会问，玻璃鱼缸和水族箱有区别吗？乍看起来，的确没有什么区别。直到现在，我们去购买水族箱的时候也经常会这样问：“喂，这个鱼缸多少钱？”社区花园中闲聊的老大爷还会高兴地说：“我家800的缸子（指：80厘米长的水族箱）里养了20条神仙鱼。”所以，一般认为水族箱就是玻璃鱼缸。但精确来讲，二者并不相同，应当说水族箱是从玻璃鱼缸发展而来的。水族箱比玻璃鱼缸多出了过滤、照明、温度等系统，也就是说，水族箱是个综合了实用设备的玻璃鱼缸，它可以独立成为一个小生态圈。近20年来，小家电工业和整合商业服务的发展，让集成水族箱成为了养鱼器具的主流商品，而单一出售的玻璃鱼缸正在逐步退出历史舞台。

因为有了一套成熟的过滤、照明和温度系统，水族箱成为了一个相对独立于外界的小空间，这种发明出现在大约两个世纪以前。

1830年法国女科学家珍尼特·鲍威尔在西西里研究碟壮动物（现称：船蛸）时，为了更好地观察这种奇特动物的行为，她请人制作了一个木箱，把渔夫捕捉来的碟壮动物放在箱子中，然后沉入海底用锚固定。需要观察的时候，将箱子拉上来。这就是鲍威尔木箱，后来被称为沉入海底的"水族箱"，但它还不是真正意义的水族箱。为了更方便观察研究，鲍威尔对此箱子的两项改进，使它成为了世界水族箱的鼻祖。为了易于观察，鲍威尔把箱子上镶嵌了玻璃，并且在海边修建了一栋房子，把箱子放在房间里，借助一个水泵和胶皮管子把海水引入箱，再由一根管子排回海里，从而形成了一个小的循环系统，于是水族箱的雏形诞生了。当时的伦敦大英博物馆馆长查理德·欧文得知鲍威尔这种试验后，于1858年把水族箱的发明归功于她。虽然在此之前就有使用玻璃容器养鱼的记录，但直到1858年这种行为才成了一种独立的学科或行业。到19世纪末鲍威尔不但被美国女权主义者视为水族馆的奠基人，还被视为成功的女发明家。1991年还给她立了一座纪念碑，维纳斯手持的酒罐从此以她的名字命名。

在鲍威尔水族箱被发明不久的1854年，一本名为《水族箱：深海奇物揭秘》（The Aquarium：an Unveiling of the Wonders of the Deep Sea）的书问世了。它的作者飞利浦·亨利·戈斯创造并第一次使用了"Aquarium"这个单词。这个词引人注目、表达清晰、易于上口而且便

因为水族箱被发明于欧洲，直到现在欧式水族箱仍然很受欢迎。这种文艺复兴的装饰风格延续至少有200年了

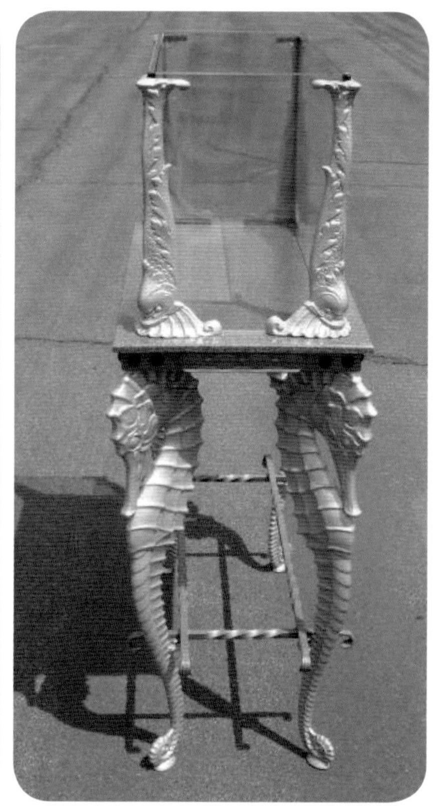

于记忆。从解释上看：Vivarium（动物箱）、AquaVivarim（水生动物饲养箱）虽然已经符合了基本表达需要，但概念还是不确切。Aquarium一词是戈斯从Aquarius（玻璃水容器）引出的中立形式，更贴切了。于是他庄重地宣布：为了给这种用有趣容器来收集饲养水生动植物冠名，选择了Aquarium（水族箱、水族馆）这个词。

Aquarium一词可以准确解释使用玻璃鱼缸收集饲养水生动植物的行为，于是Aquarium潮流很快席卷了整个欧洲，在那个电视还没有被发明的年代里，晚饭后全家人坐在水族箱前欣赏神奇的水下世界，是惬意而又时尚的消遣活动。与此同时，以英国伦敦动物园水族馆为代表的公众水族馆逐渐建设并开放，水族馆也使用了Aquarium这个词作为自己的名称。于是，你拥有一个水族箱和拥有一个水族馆，从语言上看，似乎没有什么区别。人们开始喜欢收集世界各地的鱼类，欧洲国家向非洲、拉丁美洲和东南亚的殖民活动为这种爱好提供了便利条件，这就是现在品种繁多的热带观赏鱼贸易的开始。

不过很快，单纯的收集鱼已经不能满足水族爱好者的需求，水族爱好出现了分化，随着水族产业和水族文化的发展，这种多样性愈演愈烈。早期收集鱼类的爱好毕竟只吸引那些爱好博物学的人们，而对于不能意识到自然分类学所带来快乐的人群，以进化论思想得不到认同的地方，就显得十分的乏味。于是，就在飞利浦・亨利・戈斯提出 Aquarium 这个名词短短两年后（1856 年），植物学家雪利・西伯德又发明了一个词："Water Show（水景观）"，他提出了如下观点："收藏动物植物的特点是水，水还使我们想到了古老的玻璃容器，这种容器让我们常年从中得到潮气。玻璃容器大显神通，这种漂亮的牢房因为把鱼和其他动植物关入其中而闻名。我们最好是继续利用而不是反对，并欣赏其间的美丽。至于学术方面的事情还是交给学者们去研究吧。我们则把水族箱视为我们收藏欣赏水生动植物的名称。"这一精辟论点的提出，诞生了水族的一个新派支，那就是水族箱造景，或玻璃箱水景观。应当说，现代水草

对页：铁艺装饰的玻璃水槽是最早的工艺水族箱

右图：人们设法在水族箱中栽种植物，因此，水景观概念诞生了

造景（Aquascape）、水族馆工程造景、水陆两栖景观都是从这里派生出的。与前者单纯的水生动物收集爱好不同，玻璃箱水景观不再极度强调收集动植物的多样化和分类清楚，也不强调你到底认不认识分类中的全部鱼类。我们只是欣赏植物和动物在水环境下的生长繁育，并将它们按照自己的审美整合饲养。

“水景观”观点的提出，为水族箱之后的蓬勃发展奠定了重要基础，水族箱不再完全是一个科学观察工具，它也可以是一个精美的艺术品，并适应了更多人的需求。水族箱被大肆装潢成巴洛克、文艺复兴等风格，还出现了具有东方情调的金鱼饲养箱。从此，水族箱不但是养鱼的器皿，也成为了家中的一件艺术品，一件由玻璃框起来的，内外皆美的生命艺术品。从此科学与艺术在这里结合，智慧和美被显现得淋漓尽致。我们仅仅隔着一片玻璃就可以欣赏完美的自然生态和生命艺术，那片玻璃可能是心灵和世界最接近的地方。水族箱被发明了，它是什么？现在已经有了正确答案，他是科学与艺术的儿子，是智慧与美的结合体。

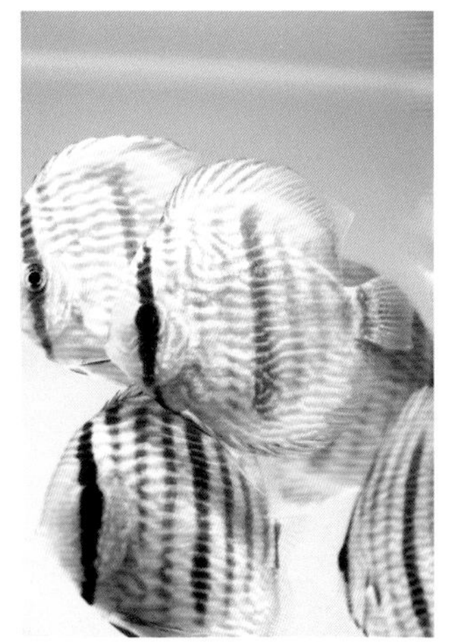

七彩神仙鱼的发现人贾巴赫•黑格尔和黑格尔七彩神仙鱼

# 水族箱里的财富

“在一个水族箱里，那条新来的海洋鱼游来游去，若有所思，若有所求，稍加观察便会发现，在其内心思绪万千，活动频繁；它求之不得，茫然若失，对不起，原谅我如此说来，这家伙是在冒傻气，如同某个人到了一个尽讲外国话的社会里。”此话是德国医生兼自然科学家古斯塔夫·耶格尔在19世纪中期写的，今天的观察者们也许会有更多的观察力和想象力。

观察力是人最重要的能力之一，应该说，古人类的进化和现代科技的发展都是以观察为基础的，事物发展的次序应当是：观察—思考—应用—提炼—理论。直立人靠观察动物的习性来寻找规律，从而获取肉食，观察到摩擦生热后，学会了使用火。瓦特因为观察开水热气顶起水壶盖而发明了蒸汽机，牛顿观察成熟的苹果坠落而发现了地球引力，达尔文对不同地区相同物种的差异观察提出了进化论思想，等等，这些都是敏锐的观察力带来的成果。在人类社会高速发展的今天，城市化进程日趋完善。恐怕我们只能在周末或休假时跋涉到乡村才能看到苹果树，而且根本等不到苹果自然坠落的那一刻。我们对自然的观察机会越来越少，取而代之的是各种形形色色人的面孔。他们同你一样，也很少观察到更广博的自然现象，于是独立个体开始过渡自我，每个人都可能是一个中心，我们的教育越来越完善，但大学毕业生的知识面却越来越窄。没有观察，思路是僵硬的。想象力不够，我们就无法创造前人没有留给我们的东西。所以，我们必须重新回到对自然的认真观察中。

首先，水族箱有利于培养观察力。一个水族箱难道不是未来科学家们最好的观察工具吗？有数据证明，在美国和欧洲，大多数 7 岁以上的儿童都会在圣诞节或生日收到父母送给他的一件特殊礼物——一个水族箱和一些鱼，如果你不相信这个数据，可以考察一下国内水族箱企业出口情况，在国内水族箱业发展的这些年里，多数时候出口比内销还要多。而这只是中国生产的，有很多国家水族箱的生产能力比我们强，这么多水族箱哪去了？我想，很多都成了圣诞礼物。收到礼物的孩子会每天趴在箱子前几小时，观察里面的鱼在干什么，它们是否有思想，它们的动作又寓意着什么。如果一个家庭有多个孩子，父母会分别送他们一人一个，然后让他们比赛看谁的鱼养得最好，谁观察出的东西最多。这也许就是家庭水族大赛，从中，儿童健康快乐地成长着，幼小的观察力培养对孩子未来的学习和工作十分有好处。

现代水族箱已不再是单纯养鱼的工具，它可以用来培养植物、饲养爬虫、饲养昆虫，甚至培育小型哺乳动物。根据其功能的不同可分为：Aquarium（水族箱），Reptilerium（爬虫箱），Vivarium（动物箱）Plantarium（植物箱），Insectarium（昆虫箱），等等，它们都有完善的循环系统和照明、温度系统，甚至还留放了给“小发明家”改造这些系统的空间。我们隔着玻璃或亚克力可以观察到什么呢？

在水草和鱼之间我们能观察到光合作用的原理，在海葵和小丑鱼之间我们可以观察到共生现象，饲养蝌蚪我们可以知道它们是怎样变成青蛙的，饲养慈鲷我们可以看到它们的母亲口含鱼卵孵化，饲养蚂蚁我们可以看到一个社会的协调运行，甚至打开照明灯，孩子就会问水波纹哪里来的，当你把水泵关闭的时候，孩子惊讶地说：“咦，水波纹哪去了？”这里有太多的科学奥秘可以观察到，而很多你能观察到，也许还是我也不知道的事情。一个水族箱就是一本活生生的自然大百科全书，并且还是一个其乐无穷的观察力玩具。

其次，水族箱有利于培养责任心。经济的发展使生活日新月异，孩子们似乎向父母索求的越来越多，于是他们不明白到底该向谁负责。这一点体现在生活和工作上，如年轻的姑娘、小伙儿会因工作中的挫折而生气了，便拂袖而去，不考虑该怎样克服它。中学生受到父母责罚即可能离家出走，还有不正常的饮食和作息习惯。于是动物行为学者、心理专家伙同宠物类协会和商家一起高调地提出了宠物或伴侣动物对儿童爱心和责任心的影响，养猫养狗的人便骤然增多。我想，给他们水族箱去养也是比较好的办法之一，为了维系水的干净和生物的健康他们必须经常换水、清洗滤材，当一个水族箱生物系统完全崩溃的时候，必然是他长期疏于照料的结果。然而，在我看到的例证中没有几个孩子会任由自己水族箱中的生命全部死去，他们会爱上那些水下生命，并希望它们在方寸的玻璃箱子里繁衍后代。这原本比单纯饲养一只宠物更需要耐心和责任感，而且他必须全方位考虑问题，水质、光线、饵料等。你绝对不希望你的孩子在家中繁育许多的猫狗，那样会带来房间的异味和到处的毛发，而鱼则没有什么关系，它们最多占用你一个整理箱的位置。实际上，对水生系统的维护和生命繁衍的持续性责任属于全局性的思考方式，非常有利于当今团队配合性的社会工作模式。也许，当一个孩子对一组水生动物建立了高度的责任感，并能全方位地思考它们之间的互相生关系时，他已经展现出了卓越的领导才能。

再有，水族箱有利于培养科学爱好。一个水族箱里可蕴涵多少知识呢？我想很难说清楚，观察者在不断地发现新知。比如：如果你饲养慈鲷，你肯定会了解到非洲三大湖地区的知识；如果你饲养水草，你必然要探索光源问题；如果你饲养七彩神仙，你会为其“奶仔”行为而惊叹；如果饲养孔雀鱼，你会发现它们竟然直接生产小鱼而不是产卵……太多了。现代水族箱在鱼类收藏、水景观和宠物鱼三个方面，分别利用了包括动物、植物、微生物、力学、光学、电力、化学、美术等繁多学科的知识，并把它们融汇在一起。正如开篇所引用的歌词：“从地到天，从天到地，天地万物多么神奇，谁能解开这些奥秘，就会变得聪明无比。”知识的积累并不是片面的，如一个计算机专家如果只接触电脑，而不问其他，一个歌唱家只专心练曲而不到生活中采风，一个金融家整天只数钱，那他们都是不可能成功的。自然科学知识的积累往往从一点一滴入手，在一个数量点上，人就变得触类旁通了。所以我们需要这种对科学的爱好，或叫热爱科学。这其中，科普工作便显得尤为重要，然而，科普不是高级院校里面的书本，不应当是高高在上，常人不能理解的。它应当回到生活中，既要看得到也要摸得着。把复杂的科学用简单有趣的形式展现给大众，并让人们能记住它，这就是科普。水族箱恰恰是这样，它不但蕴含丰富的知识，而且简单容易被人接受，而且非常有趣。

在办公室电脑旁放置一个水族箱，缓解信息时代给我们带来的繁忙快节奏，让我们的身心不时得到放松

# 第二章
## 家庭水族箱

养鱼寄语：有些水族箱被制作成了茶几、条桌、壁画的形状，企图一举两得。当你使用了一段时间后就会发现它并不实用。因为复杂的设计，使水族箱内部生长藻类后很难清洗干净，而作为一件日用家具，它又太不牢固了。

鱼在水中优雅的身姿，美若天仙

# 现代水族箱的分类

通常情况下，人们愿意把水族箱按功能分类，包括：淡水水族箱、海水水族箱、水草水族箱、龙鱼水族箱等。这种分类是不科学的，理论上讲只要水族箱的尺寸够大，它能否饲养某种生物，是取决于你为其选取的配套器材，并不取决于水族箱本身。所以，在本书中我将按另一种分类方法对现代水族箱进行分类，以帮助你正确挑选购买所需要的水族箱。

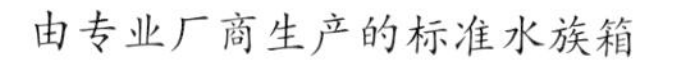

由专业厂商生产的标准水族箱

## 标准水族箱

一个标准的水族箱一般要包括一个工厂集约生产的玻璃缸主体、用来固定和装饰的外壳（通常是塑料的）、一个水泵和存放过滤材料的装置以及一盏照明灯。加热设备通常不集成在里面，因为厂家不清楚你到底是养金鱼还是热带鱼。拥有一个适当大小的标准水族箱，你就可以开始养鱼了，根据水族箱的大小来选择鱼的尺寸。如果再购买一个加热棒，那么，用来饲养大多数淡水观赏鱼都是没有问题的。

标准水族箱在许多地方都可以买到，观赏鱼市场、观赏鱼商店甚至超市，它们品牌繁多，根据不同品牌的外观设计的精美度，价格也有高有低。最实用的款式是长方体的，通常长度是宽度和高度的2倍到2.5倍。正方体和不规则形状的，在后期养鱼的管理中会造成不必要的麻烦。外壳白色或黑色的水族箱比较受人欢迎，因为它们更适合搭配各种家具。

标准水族箱就如同其名字，它只是一个基础，因此在设计上给用户提供了更多扩展空间的是比较好的产品。因为，你可以任意添加新设备来方便饲养更多更复杂的鱼。这些扩展空间包括：顶部和顶盖是否有安装更多灯具的空间，底柜是否有安装更大的过滤器的空间，玻璃是否方便开孔；是否预设了一些插座在顶盖上；是否能安装冷水机等。

标准水族箱一般都配置了照明灯和过滤器

## 工艺水族箱

工艺水族箱是历史最悠久的水族箱，最早出现在1860年前后，通常在金属配件上装饰有巴洛克风格浮雕。有长方体、正方体、圆柱体，六边形或八边形的柱体等。这种水族箱由于设计繁琐，外壳通常比里面的生物更好看，人们用它们装点家居，里面只简单地饲养几条容易饲养的鱼。于是，这种水族箱一直不能被广泛认可。

现在，工艺水族箱的制作材料多从玻璃转变成亚克力（丙烯酸），因为这种材料有更好的可塑性，可以在加热后被加工成任何形状，而且没有接缝。常见的亚克力工艺水族箱一般是高度大于长和宽尺寸的柱子或屏风，人们在里面简单饲养一些非常好活的鱼，或者根本就不养鱼，只是用彩色的灯光照射里面的水，并利用小型压缩机在水中不停释放气泡，用水和光的景色装点客厅和大堂。

由亚克力制作的各种工艺水族箱

## 开放式水槽

开放式水槽是目前最流行的款式，其简约的风格很受年轻人的欢迎。但因为没有设计盖子和外壳，让人感觉和以前随便粘合的鱼缸没有区别，所以，上年纪的人并不认为这种水族箱高档。

开放式水槽最早由日本传来，日本人管水族箱叫“水槽”，我们为了区别标准水族箱，沿用了这种叫法。由于开放式水槽通常是用超白玻璃制作的，所以也叫“超白缸”。开放式水槽一般尺寸有40厘米、60厘米、80厘米、90厘米、120厘米、150厘米，由于美观的需要，在粘合时，不能在水槽上部或底部粘结加固用的拉带，所以不能制作得太大太高。

简约就是开放式水槽的最大特色

开放式水槽一般用来饲养水草和珊瑚，特别是现代水草造景多采用开放式水槽饲养，可以从侧面和顶面多面欣赏。加上较强的灯光照射，整个水槽看上去如一块晶莹剔透的水晶，给人无限扩展的感觉，所以也称为“无边界水族箱”。开放式水槽主要为了体现饲养生物的美丽，因此其自身极度追求简约，没有任何修饰，甚至不会是圆角的。因此，五片玻璃粘合得是否工整，粘合线是否整齐美观，成为衡量这种产品的重要标准。开放式水槽的配套底柜也极度追求简约，不能有任何修饰，甚至门上都不安装拉手。

这种简单的饲养工具，着重突出的是里面生物景色的美丽

## 定制水族箱

定制水族箱是根据用户需要，由专门的水族箱商店或玻璃商店单独粘合而成的，以前通常是比较大的水族箱，现在人们越来越追求个性，小型水族箱也有定制而成的。常见的定制水族箱是用来饲养海水鱼类和海洋无脊椎动物的，因为海洋生物相对淡水生物需要更大的过滤系统，标准水族箱受到局限，往往没有那么大的拓展空间。比如，海水水族箱巨大的底部过滤系统，饲养珊瑚所需要的强大光照，都需要自行设计出空间来，普通水族箱生产厂是不会为这些高耗能设备提供专门设计的，因为它们的市场空间并不大。

随着水族贸易的发展，越来越多的淡水鱼品种和水草品种充实着市场，一些对环境要求特殊的品种需要定制水族箱，比如七彩神仙鱼、太阳草等。

还有一些爱好者，喜欢在家庭装修的时候直接把水族箱设计在某个区域，这也需要定制，商店里的成品水族箱很难和家庭装修的风格与尺寸达成完美匹配。

定制水族箱一定要选择有信誉的商户，观察他粘胶的技术是否娴熟，看已经粘好的水族箱的胶缝是否笔直均匀。还要考察，其使用的玻璃是否透光性好，同样规格的玻璃，也有质量的差异。定制水族箱最重要的是考虑安全问题，因为通常粘缸人都是个体经营者，他们没有强大的质检技术体系，而目前国内也没有这方面质量安全的认证单位。因此，如果要选择定制水族箱，最好先多了解一下玻璃知识和养鱼常识，本书后面会逐步介绍。

定制水族箱可以根据家居装修的需要，镶嵌在墙里

定制水族箱一般都比较豪华

## 水族箱底柜

水族箱底柜是承载水族箱的器物，虽然小水族箱可以被放在写字台、门厅柜甚至窗台上，但对于长度超过 60 厘米的水族箱来说，有一个独立的底柜非常重要。因为放满水的水族箱是一个很重、很怕晃动的陈设品，如果底柜不够牢固，或者柜面不是水平于地面，日后很可能会发生危险。再有，水族箱外壳的颜色与款式是否与柜子协调统一，也直接影响到水族箱的整体美观。

1．板材

板材水族箱底柜是最常见的形式，通常标准水族箱的底柜都是实木的。一些大型的水族箱生产厂家会为自己的水族箱配备柜子，用密度板制成，这些板材被预先裁切成相应的尺寸，安装榫卯螺栓，或预留出螺丝口，板子按说明书拼装起来，就是一个漂亮的水族箱底柜了。生产者在板材上压制了防水贴面，这样既实用又美观。通常这种贴面有黑色、灰色、白色和木纹的，是一种类似防火板的合成材料，很坚实耐用。现代橱柜和大部分板材家具都使用这类贴面。和水族箱本身颜色一样，黑

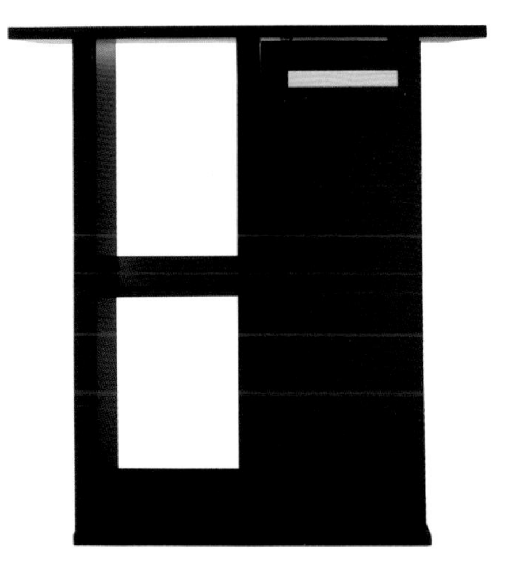

为标准水族箱配置的各种底柜

色、白色的柜子最容易搭配家具，另外水曲柳和胡桃色的贴面也很受欢迎。

开放式水槽和定制水族箱的生产者很少同时提供底柜，即使一些开放式水槽在出售的时候包括底柜，那也是一些家具厂为其代工的。这些底板的板面材料和贴面材料就各有不同了。因为不能向标准水族箱厂家那样批量订购压制贴面的板材，所以贴面都是后加工的。通常家具厂用白色贴面的密度板制作出柜子，然后在外面手工贴上顾客需要的颜色。这种贴面有两种，一种是硬的防火板，一种是软的PVC。硬贴面除了在整齐度上比机器压的差一些，其他问题不大。软贴面则不是很耐用，只要被坚硬的物品划一下就会

密度板（刨花板）

中密度板是常用的水族箱底柜制作原料

裸露出内部的板材，如果被水浸湿到裸露的地方，板材就会膨胀变形。

有些定制的底柜在制作时，为了防止软贴面稍有破损就使板材处于危险的裸露状态，会使用大芯板（细木工板）来制作，这种材料比普通密度板、刨花板的价格要高一些，但由于是用廉价的实木拼接而成，比密度板的耐水性要好很多。而且质地比较轻，方便搬运。不过，这种板材在贴面的时候不如密度板方便，通常是一面喷漆一面贴面，或者两面全部喷漆处理。

漆面的底柜是定制底柜中最常见的，它们方便小规模生产，生产一个和生产一百个的单价差异不大。但大型水族箱厂家一般不采用这种形式处理柜子面，一方面是太费人工，一方面是漆面在运输途中太容易磨损。要知道，这些批量生产的水族箱底柜可能会被发往全国乃至全世界，即使运输途中出现高温天气，都可能使油漆出现问题。

所以漆面底柜通常都是单一定做，本地制作本地使用，不进行长途运输。漆面底柜分为刷漆、喷漆和烤漆三种，刷漆底柜由于表面很难光滑均匀，而且人力成本太高，现在已经很少出现了，只是一些喜欢自己动手制作柜子的爱好者才会采取这种形式。喷漆底柜最常见，价格要比

上图：定制水族箱因地制宜的设计

左图：实木榫卯结构

下图：大芯板（细木工板）

开放式水槽的底柜通常没有任何装饰，由密度板贴面或烤漆制成

贴面的高一些，但由于板材内外被漆均匀包裹，耐水性要比贴面的好。烤漆是最贵的方式，也最均匀漂亮，不过磕损后很难看，而且工期非常长。不论是刷漆、喷漆还是烤漆，柜子往往都只能是单一的白色、黑色、棕红色，一般不能如贴面材料那样具有花色纹理。

如果你想饲养海水观赏鱼并安装底部开放形过滤槽，请一定选择实木柜子。海水过滤装置会迸溅溢出大量的盐分，过滤器使柜子内部潮气非常大，板材在受潮后会膨胀变形，盐分还会腐蚀它们表面的贴面和涂层，在潮气和盐分的综合作用下，复合板材很快就会成为一滩腐朽，对家庭水族箱的安全造成巨大威胁。

成品板材柜子用螺钉和金属卯榫拼装，中密度板是最好的（当然，高密度板更好），它的连接扣不容易走形，使用时间长。刨花板和细木工板都不适合这种拼装方法，它们的连接孔很容易走形，使整个柜子稀松散落。除了实木柜和带有型钢柱梁的金属柜，其他柜子都不是"万年牢"。板材在使用中，根据空气湿度和空气杂质腐蚀的环境不同，都有自己的寿命。一般牢固的产品也不要使用超过10年。

2．实木

用实木做柜子是最科学最安全的方式，但成本比较高，一些名贵木材制作的柜子甚至是奢侈品。根据实木柜制作的不同方式，分为实木板材混合制柜、实木拼板柜和高档实木柜三种。

实木板材混合制柜，用木方制作成柜子的框架，在顶面和侧面包裹大芯板或密度板，背面多半使用三合板覆盖，门单独制作，一般用实木制作成百叶门或雕花门。这种柜子是实木柜中最便宜的，有的时候，比良好板材的柜子还要便宜一些。通常一平米价格不会超过1000元。因为四柱的木方支撑了水族箱全部的重量，面板只是装饰，所以可以用比较薄的板材制成。板材修饰通常使用贴面，内部用螺栓与木框架进行连接。同时，外面包裹的板材，为木架起到了良好的支撑作用，木方之间的衔接用钉子固定就可以，不用使用榫卯结构。

海水对底柜的腐蚀非常严重，一定要使用实木制作才安全耐用

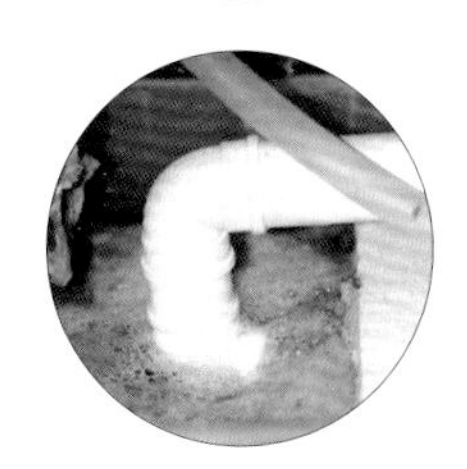

各种风格的实木底柜

实木板材混合柜多半使用在海水水族箱上，设计者考虑到了海水对板材的腐蚀性，在制作时如此设计。如果是淡水水族箱，实木板材混合柜和普通板材柜在使用上是没有什么区别的。

传统实木底柜，这种柜子是水族箱底柜中价格最高的。它是用实木木方和木条利用榫卯结构和粘合方式拼接制作而成的，非常坚固耐用，是家用水族箱底柜中最耐潮、耐腐蚀的一类。根据制作工艺的复杂程度和木料的材质，传统实木底柜加工从每平米1500元到上万元不等。

最便宜实用的实木柜是用白松木制作的，然后在表面喷刷油漆，这种木柜对于安放水族箱已经足够用了。加上可以油漆和贴花，能适应大多数家居装修风格。但是，人们对木器的要求往往不完全局限于实用。老榆木、花梨木甚至紫檀木也经常出现在水族箱底柜的制作上，国外还流行胡桃木和樱桃木。这些高档木料的柜子并不完全是水族箱的一个配件，它本身就是一件很好的家居陈设品。

实木底柜与板材底柜相比优点很多，除了经久耐用外，还非常环保。因为内部几乎不用任何粘结剂，更不是胶合制成，所以甲醛释放量几乎为零。有些爱好者在饲养高价格的鱼类时，比如亚种龙鱼、花罗汉、大型海水神仙鱼等，必须要配置优良木材的底柜，他们认为只有这样的柜子才配得上身价不菲的鱼。纯实木底柜还可以制作成许多风格，比如中国明式、清式家具风格，欧洲田园风格、奢侈雕花风格等。中式风格的更适合饲养亚洲龙鱼，西洋风格的则适合海水鱼类。不过，这种过于浮华的柜子在配合水草水族箱和饲养小型鱼类的时候，就有些喧宾夺主、格格不入了。所以，制作实木底柜的水族箱通常大小在120厘米以上，饲养体长在30厘米以上的观赏鱼。

近几年，实木拼板的底柜也十分流行。实木拼板是用窄木条（通常是白松木）拼接粘合成的大张木板，通常产品规格是120厘米 ×240厘米，因为是整张的木板，兼备了实木的牢固性和板材的易加工性，但价格也很高。制作这种柜子的人，通常喜欢原木色风格，很少在柜外喷刷油漆，只是抛光后刷清油进行防水处理。当然，如果你愿意，这种材料可以被漆成任何颜色，亦可以贴面。

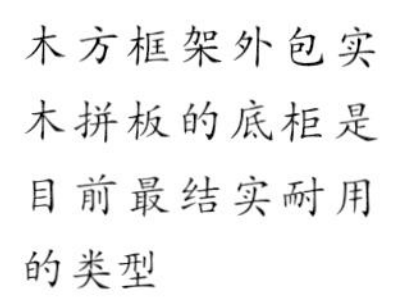

木方框架外包实木拼板的底柜是目前最结实耐用的类型

稀缺的木工：在全部水族箱配件的加工上，木工是最稀缺的。因为水族箱底柜通常不是批量生产的，而且要包嵌水族箱底部和顶部，制作时要比普通家用木柜、书桌更复杂。如果你在设计时不能给予精确的图纸说明，没有制作过这种柜子的木工无法制作出你满意的样式。专门为水族箱设计底柜的技术人员几乎没有，因为这种产品的用量在家用木器中所占比例实在太少。

所以，定制底柜往往要等待很长的时间，通常需要 1 个月或更长，在你全款支付并容忍了柜子制作上的一些残缺后，木工仍然会很不情愿地对你说："给你做这个柜子不挣钱，以后不想再做了。"我以前一直考虑这是为什么？当我走访了一些木工后，才知道原因。因为木匠在学徒的时候多半学的是衣柜、五斗橱、写字台等常用家具的制作，能负责装修的木匠还可以制作暖气柜和书柜，但他们从来没有学过水族箱底柜和水族箱边框的制作，木匠也未必养鱼。即使你给他很精确的图纸，在制作时，他仍然需要煞费苦心地思考，去理解你的设计到底是干什么用的。而木工的薪酬是按时间计算的，在单位时间里能制作更多的家具，其得到的报酬就更多。制作一个水族箱底柜用来思考的时间远远超过了制作一个不假思索就可以完成的写字台（虽然写字台比水族箱柜制作更复杂），所以，木工大多不爱承接这种工作。

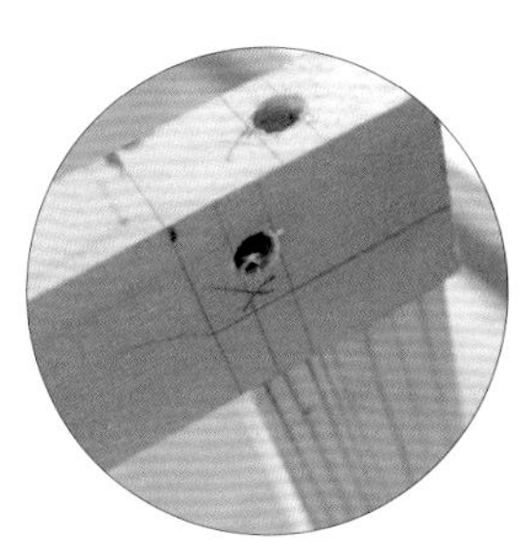

在水族箱底柜木工极度缺乏的今天，我们有时不得不自己制作木架来安放水族箱……

3．其他材料

除了板材和实木的水族箱底柜外，现在还有使用PVC板材、玻璃等制作的底柜，也有用铁板焊接成的柜子。在制作大型（通常长度在180厘米以上）的水族箱时，也有采用型材焊接成架子，再在架子上拼装木板的。

PVC材料的柜子轻便、容易运输、环保、耐用，而且可以任意雕花，可能是因为水族箱底柜的发展趋势，当前不能广泛使用是因为其厚度大，强度高，能支撑大型水族箱底柜的PVC材料过于昂贵。玻璃底柜是一种很廉价的形式，它可以直接和水族箱粘合到一起，但使用的时候并不安全。型材焊接的柜架，通常只适合酒店宾馆里展览的大型水族箱使用，家用则没有那个必要。

为了更好地为柜子制作提供帮助，我在下面提供一些图纸和效果图，供你在洽谈制作底柜时使用。

## 100 厘米简约型（板材）水族箱柜制作参考图纸

板材厚度：20 毫米
材质：中密度板
表面处理：喷漆或烤漆

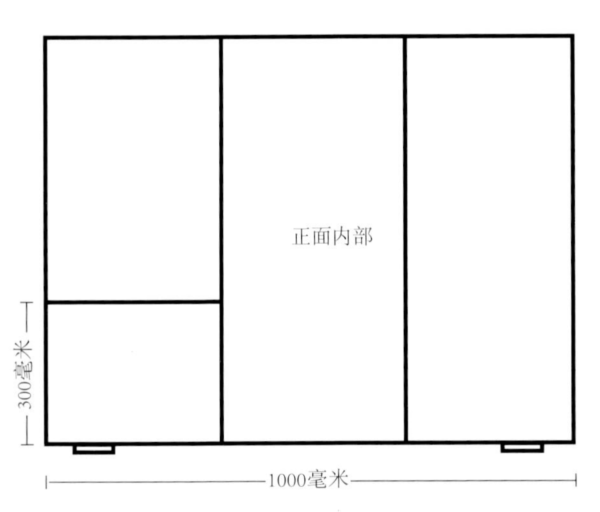


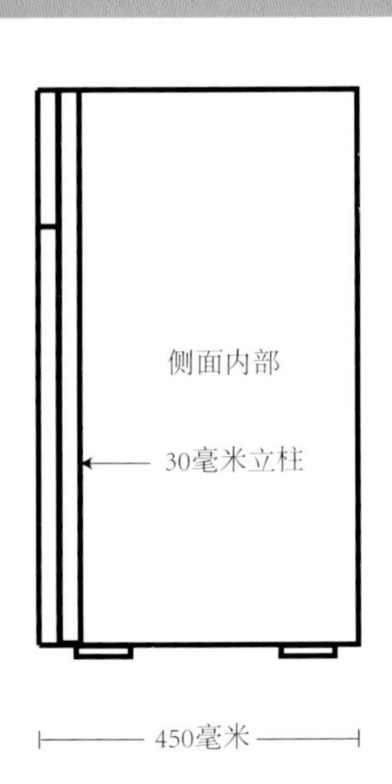


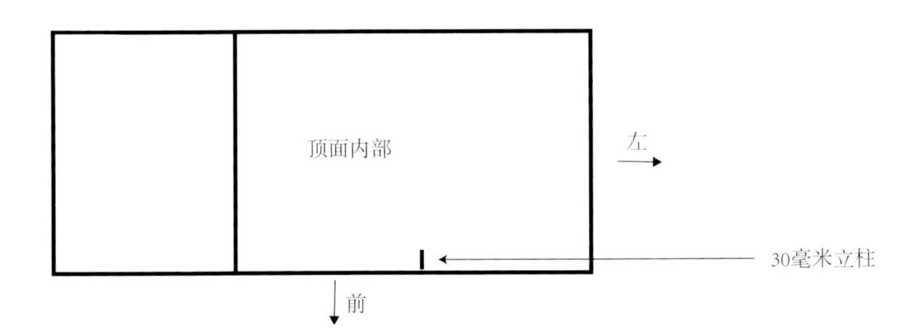

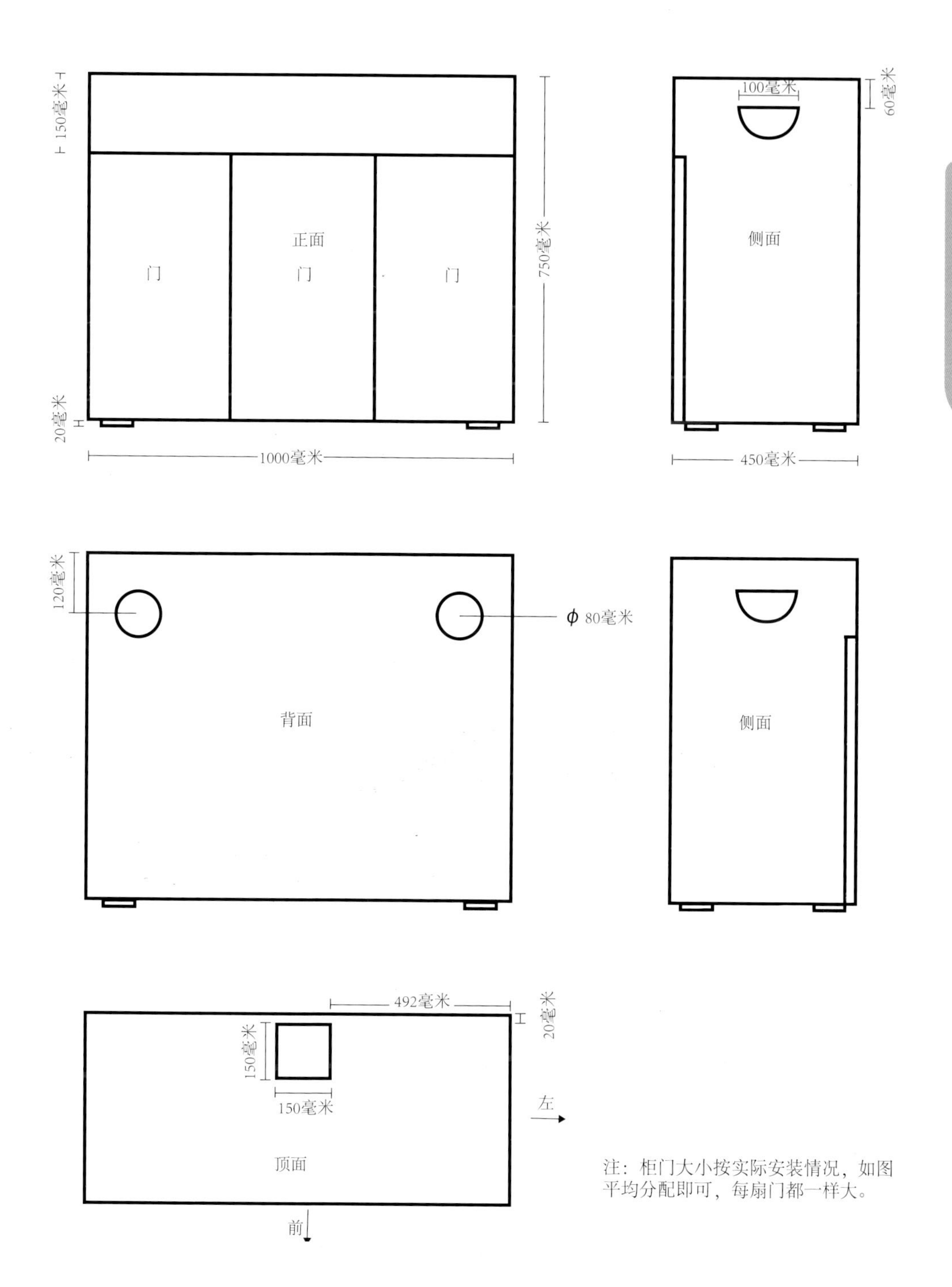


注：柜门大小按实际安装情况，如图平均分配即可，每扇门都一样大。

**120 厘米橱柜型水族箱柜制作参考图纸**

框架材质：木方
表面材料：木条板，三合板
表面处理：刷漆

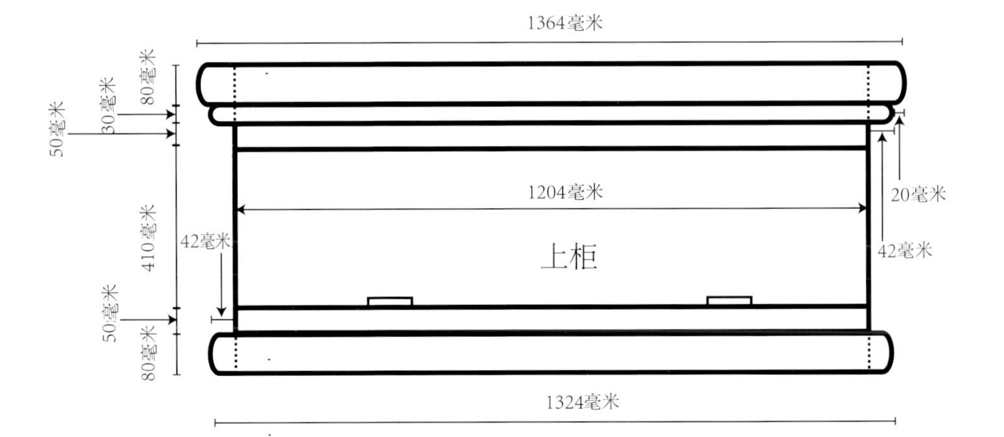
1364毫米
80毫米
30毫米
50毫米
20毫米
1204毫米
410毫米
42毫米
上柜
42毫米
50毫米
80毫米
1324毫米

正面

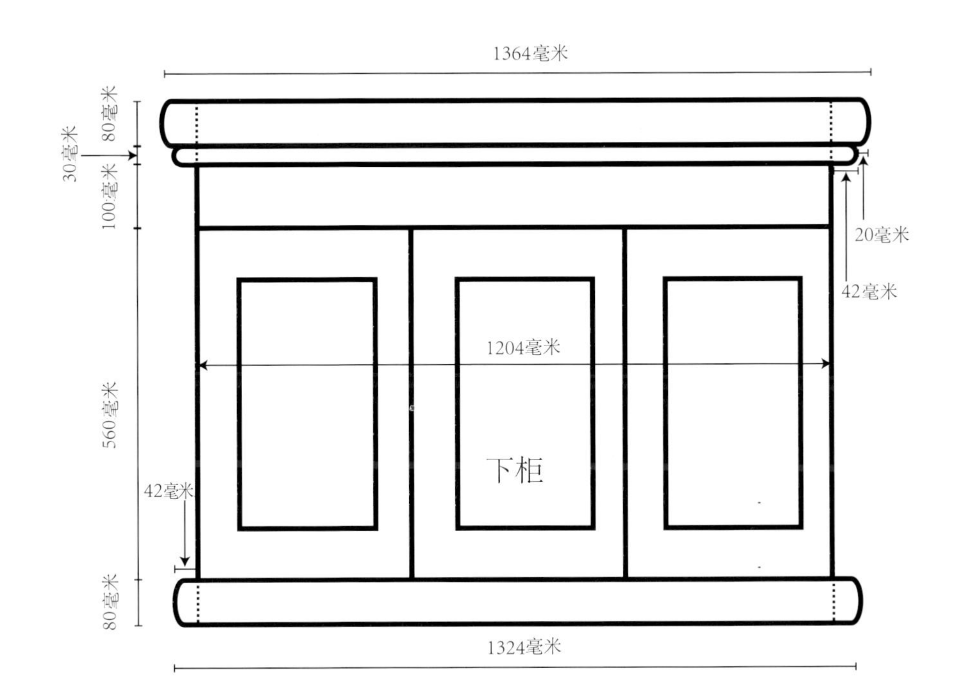
1364毫米
80毫米
30毫米
100毫米
20毫米
42毫米
1204毫米
560毫米
下柜
42毫米
80毫米
1324毫米

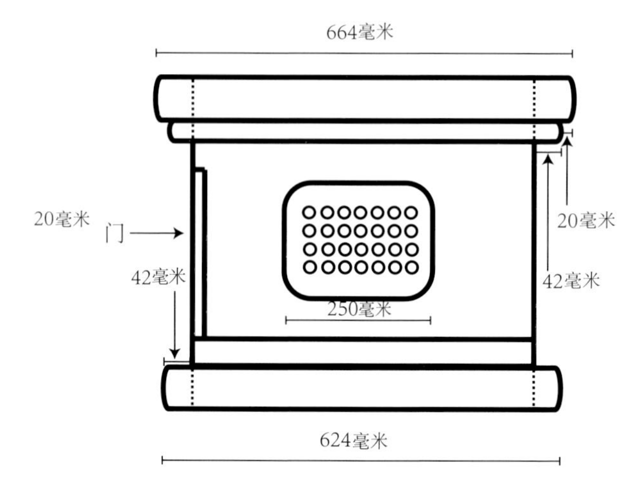


侧面

注：板材厚度为 20 毫米

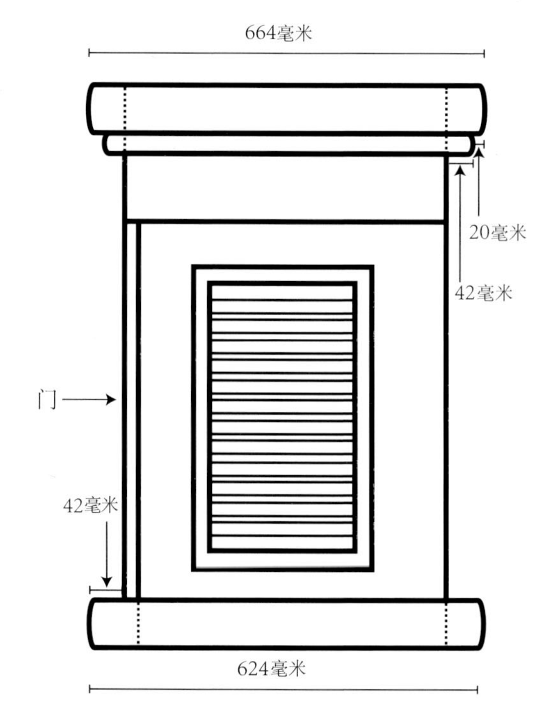

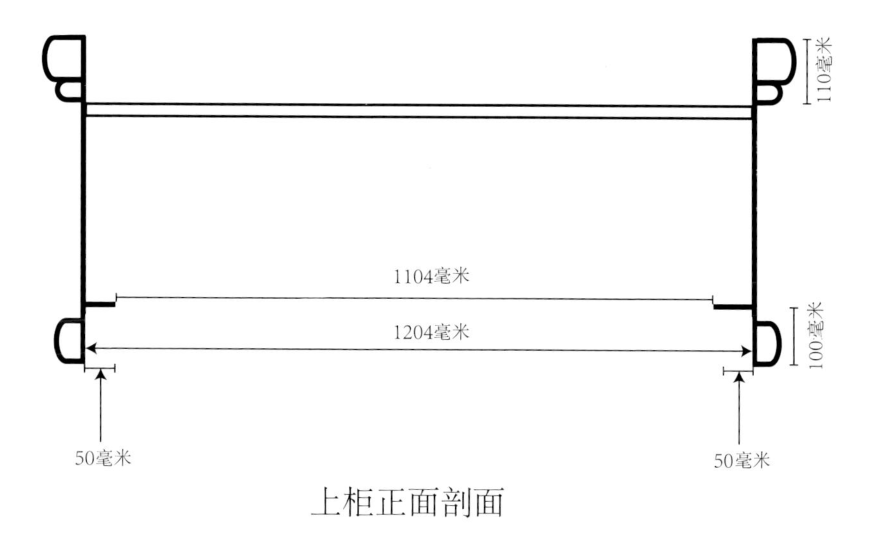

上柜正面剖面

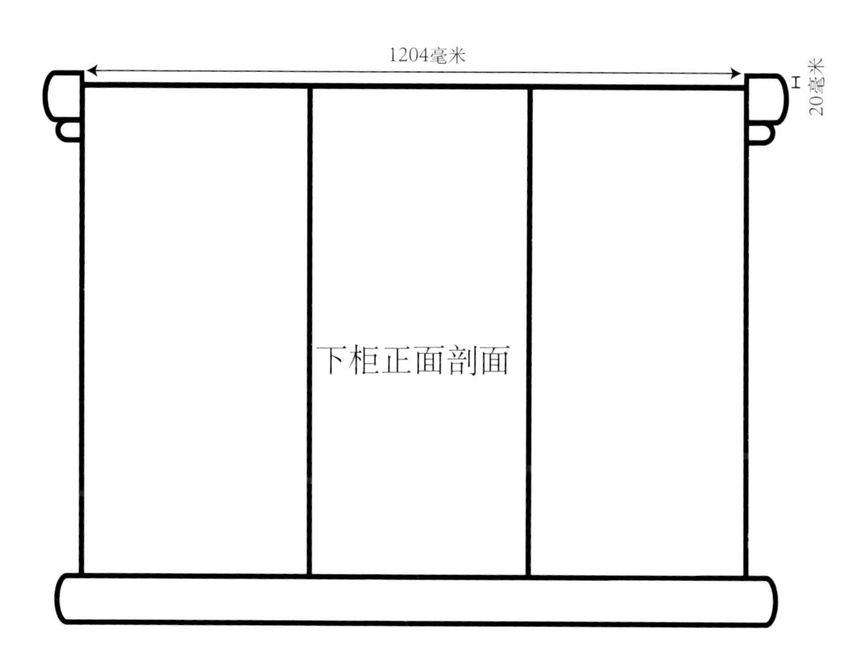

下柜正面剖面

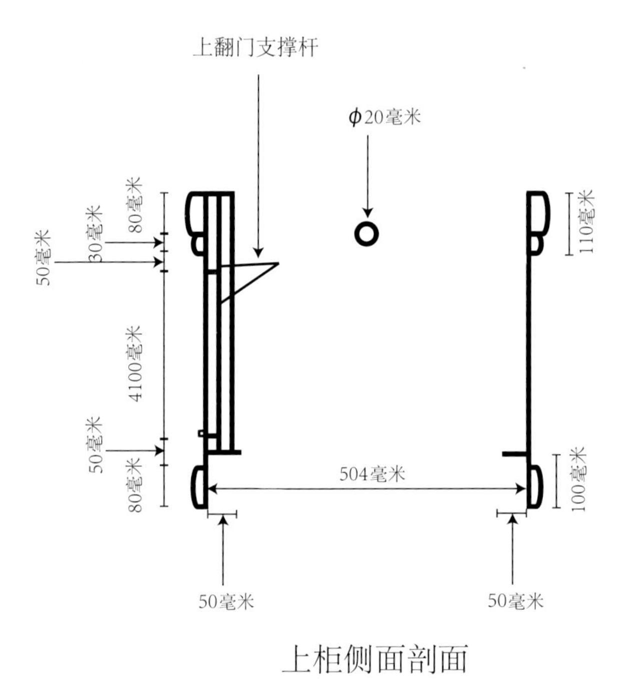


上柜侧面剖面

注：板材厚度为 20 毫米

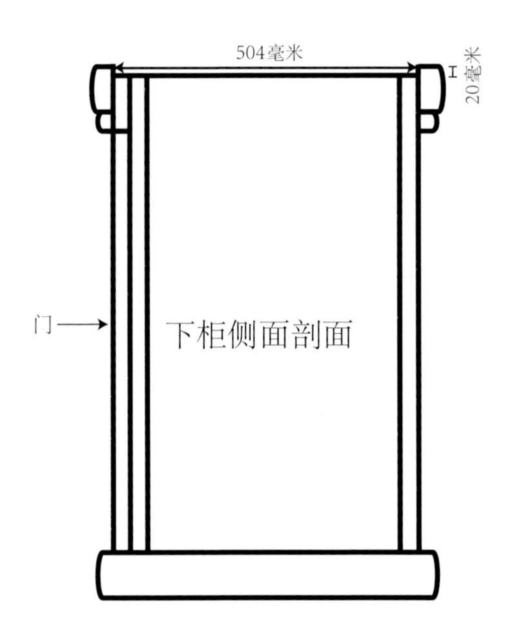


下柜侧面剖面

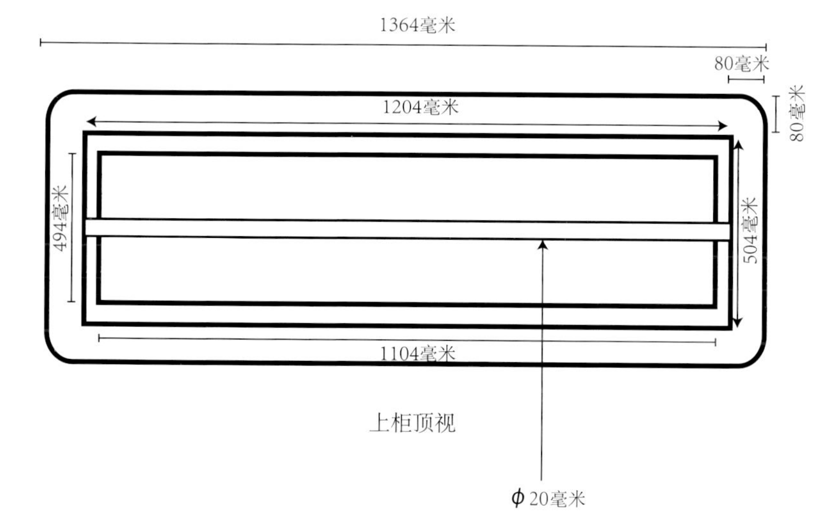
1364毫米
80毫米
80毫米
1204毫米
494毫米
504毫米
1104毫米
ϕ20毫米

上柜顶视

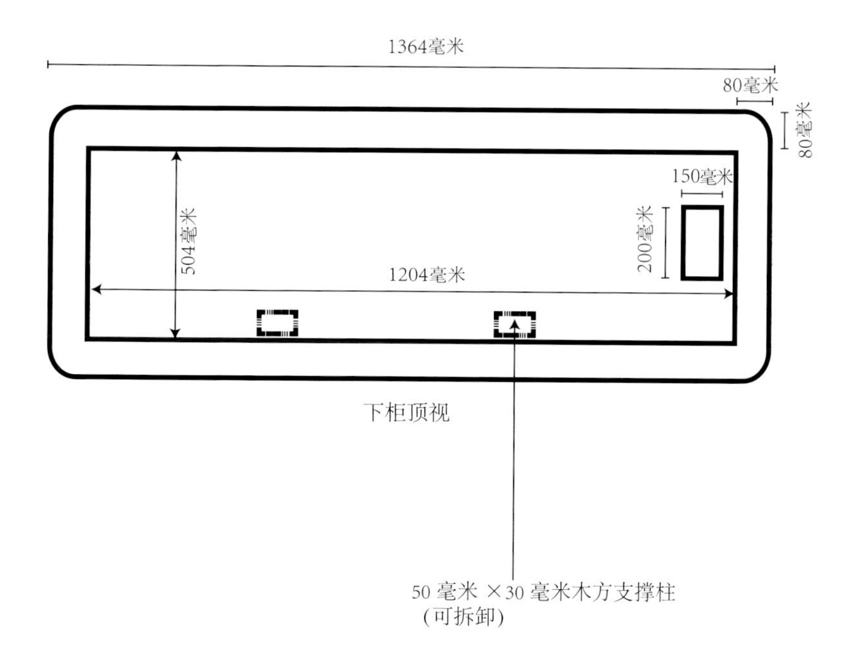
1364毫米
80毫米
80毫米
150毫米
504毫米
200毫米
1204毫米
50 毫米 ×30 毫米木方支撑柱
(可拆卸)

下柜顶视

## 水族箱的挑选

现在的水族商店里有琳琅满目的各色鱼缸出售，有些是一个单一体，有些是集成了水泵、柜子、灯具的套装。大的长 2 ~ 3 米，小的不足 20 厘米。玻璃技术的革命，使鱼缸可以是任何形状。长方形的最常见、正方形、圆弧形、梯形、圆桶形、六边形、八边形，等等。不论你选择什么款式的鱼缸，它必须符合你所饲养生物的需求，而且要方便操作。

过高或过窄的水族箱应尽量回避，按照设计原理，水族箱长宽高的比例越接近黄金分割律，看上去就越美观。所以，你的第一个水族箱一定请选择长方形传统模式的。它容易协调地搭配你的家居陈设，方便使用，不会让你在刚踏入水族“门槛”的时候就感到后悔。高度超过 80 厘米的水族箱不容易清理，而且可能存在安全隐患。按照正常人的臂长，80 厘米以上的鱼缸设计得让我们无法摸到它的底部，即使你站在高凳子上俯身下去也很困难。这使日后的清理存在问题。虽然，清理鱼缸的长柄工具和具有磁力的擦缸器层出不穷，但有很多污渍和死角是它们不能解决的，必须让手能触碰到这些地方。人们会认为高大的玻璃墙看上去尤为壮观，可是，随着高度的增加鱼缸里的水压压强也在增加。理论上，如果水族箱的高度增加到 90 厘米，在不考虑长度和宽度的情况下，已经必须使用厚度在 19 毫米以上的玻璃了，这样厚度的玻璃本身自重也很大，硅胶能否确保在寿命期内绝对安全粘合是个未知数。你绝对不希望有一天 1 吨水从高大的水族箱里泄露出来，平板玻璃拍压下来并弹射出去。所以请在安全高度下选择家用水族箱，合理的高度应当为 45 ～ 60 厘米，鱼缸加上底柜的总高度不要超过 1.5 米。一些人设计的屏风水族箱在长和高被任意加大时，宽度则为了好看被拘泥在 20 厘米以下。试想一下，长 120 厘米、高 80 厘米、宽 20 厘米的鱼缸的确看上去很别出心裁。但它同样不容易清理，因为人的胳膊在里面不能弯曲，僵直的擦缸工具也不能自由延伸到底部。那样的水族箱就连鱼都不会舒服，它们如同被镶嵌到了镜框里。过窄的鱼缸，同样存在压强过大的安全隐患，有时候正面和背面的玻璃甚至会被压得微微弯曲，不要忽视那可能仅几毫米的弧度。要知道玻璃不是金属，没有那么好的延展性，在超负荷的压力下随时可能破裂。

钢化玻璃水族箱是比普通玻璃水族箱强度高 3 ～ 5 倍的产品。从其特性来看，钢化玻璃更适合制作大型水族箱，它们坚固耐用，即便破裂，也呈小颗粒状，不会出现如钢刀一样锋利的玻璃碎碴。不过，这种玻璃的延展性更差，普通玻璃似乎还能短时间承受微小的弯曲，钢化玻璃稍有弯曲就会马上破裂。所以在选购的时候要考虑玻璃厚度和鱼缸大小是否成比例。不建议挑选厚度在 8 毫米以下的钢化玻璃鱼缸，它们太薄了，如果长度稍微超出了额定比例，盛水后就容易出现微小的变形，十分危险。

热弯玻璃技术使我们得到了圆角水族箱和弧度水族箱，这两种水族箱比普通水族箱看上去更美丽，由于正面去掉了硅胶粘合线，使其看上去晶莹剔透。挑选这类水族箱主要看弯角处是否均匀笔直，玻璃里不能有气泡和杂质。要知道热弯玻璃的弯曲位置也是通过加热后冷却得到的，它是无意中享受了一次钢化过程。弯角处和弧度面是热弯玻璃最脆弱的地方，并不是所有玻璃生产商都具备了出色的热弯技术。有些热弯产品

弧面热弯玻璃水族箱

只能制作茶几、陈列柜，根本不能盛水耐压。挑选时可用手抚摸弯角的内外，看厚度是否均匀。用尺子等笔直的东西做参考，观察弯角处上下的角度是否一致，如果弯角或弧面内有气泡，说明制作时受热不均匀，如果有杂质，则反映了热弯过程中环境卫生不达标。一个气泡、一粒杂质都为这些弯角设置了危险点，当压力过大时，这个点会率先破裂，随后整个鱼缸裂开。厚度不均的情况和气泡问题大体相同，它的危险性更大，这样的热弯玻璃是不能承受压力的。

粘合处的玻璃胶不是越厚越好，现代鱼缸都是用硅胶（玻璃胶）粘合而成的，根据制造商的情况，他们会为鱼缸选择不同品种的硅胶。最好的是用水族箱专用硅胶，国内小商户还常使用“长鹿”和“道康宁”牌的酸性胶。在选购的时候要观察硅胶粘合线是否均匀整齐，有无补胶的痕迹。大型水族箱生产厂使用流水线粘合玻璃，机械控制的工艺非常精确，一般只有 1 厘米左右的粘合线，但均匀牢固，是非常安全的。手工粘合的水族箱由于粘合师傅的手艺此次不齐，质量有好友有坏。质量好的和机器粘合的没什么区别。而技艺不成熟者，打胶时，手哆哆嗦嗦，胶线弯曲且不均匀，粘合后胶会被挤压出厚厚的一层，然后用工具刮掉，十分不美观。有时甚至在硅胶干燥后才发现，还有地方没有“打”上，于是补胶。要知道硅胶的特性注定它不能与已经干燥后的自体再粘合，于是那个补胶点就是漏水点。

有些鱼缸的粘合线里还有气泡或灰尘，这样的产品更不能选购。有气泡说明在粘合时没有完全压实，残留在胶内的空气减损了硅胶的承压能力。日久天长，鱼缸会从有气泡处一点点开胶。胶线处有灰尘的鱼缸大多放满水后就会崩溃，在粘合时，没有将玻璃表面擦拭干净，里面的灰尘破坏了硅胶的粘合力，应当说这样的鱼缸根本就没有粘上。

一些人认为，越小的水族箱越容易打理。其实不然，水族箱大小与打理的难易度是呈抛物线性的。40 ~ 60 厘米（容水 80 ~ 120 升）的水族箱对一般家庭来说是最容易上手的，从这个尺寸向两个方向发展，难度都是逐渐增加的。向小方向发展的难度增加快，向大方向发展的难度增加平缓，直到 120 厘米后，才开始大幅增加。我们以 50 厘米的水族箱维护难度系数为 1 进行说明。请看下面的抛物线：

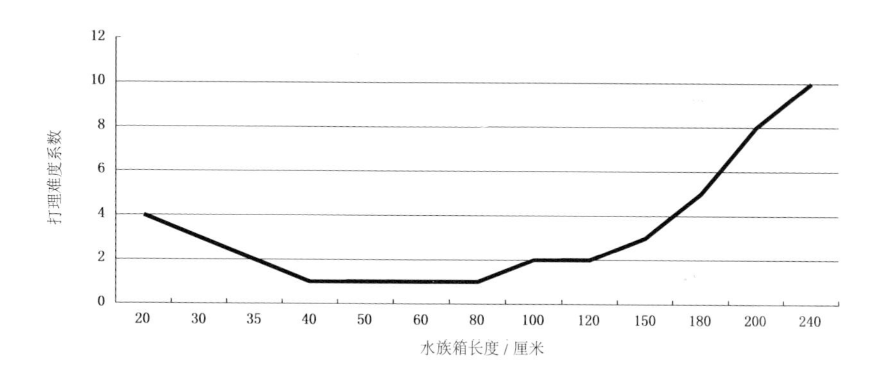


过大的水族箱饲养维护难度高的原因是操作不方便，过小的水族箱维护难度高的原因是储水量小，水质和水温受外界的影响大，不容易控制。

# 玻璃知识

对于一个水族箱来说，玻璃的好坏直接影响它的安全性和实用性。以前，人们并不追求玻璃的透光度，所以大多数水族箱是由普通玻璃制成的。现在大家越来越重视玻璃对水族箱内鱼和景致的还原情况，所以开始使用透光性更好的玻璃和其他材料来制作水族箱。

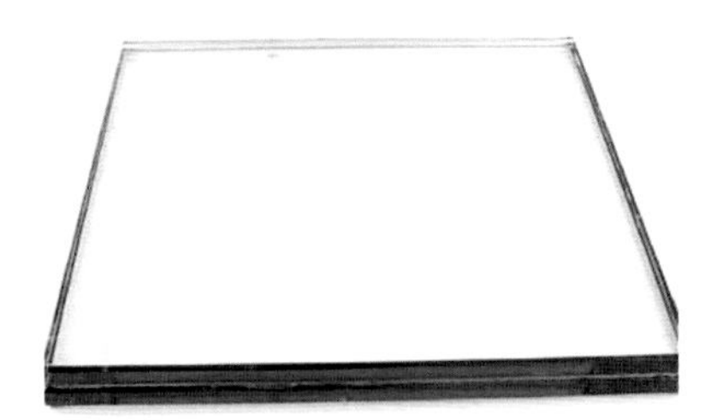

## 普通玻璃

普通玻璃（法国玻璃）是用石英砂岩粉、硅砂、钾化石、纯碱、芒硝等原料，按一定比例配制，经熔窑高温熔融，通过垂直引上法或平拉法、压延法生产出来的，也称平板玻璃，是最常见的玻璃。我们生活中门窗、橱柜上安装的玻璃都是这种产品，由于呈现淡淡的绿色被俗称为“绿玻”。普通玻璃是生活中最常用的玻璃，当然水族箱也不例外。绝大多数厂家生产的标准水族箱都是用普通玻璃粘合的。这种玻璃具有很高的延展性，很容易制作热弯和异形水族箱。普通玻璃板厚度型号有：3 毫米、4 毫米、5 毫米、8 毫米、10 毫米、12 毫米、15 毫米、19 毫米几种规格。有些玻璃厂还生产 6 毫米和 9 毫米厚的玻璃，那是非标准的型号。通常家庭使用的玻璃为 8 ~ 12 毫米的规格，粘合 60 ~ 120 厘米的水族箱。当然，使用 19 毫米厚的玻璃可以粘合 150 厘米长以上的水族箱。在水族工程中，更大的水族箱，比如盛水在 1 吨以上的，可使用两片或多片 15 毫米或 19 毫米中间夹胶的玻璃，玻璃的承压能力会得到增强。

普通玻璃因为呈现微微的绿色，所以透光和对景物色彩的还原能力都一般，而且使用的玻璃越厚则透光性越不好。因此，现在除了批量生产的标准水族箱外，普通玻璃只用来粘合小鱼缸。大型定制水族箱的粘合材料正逐步被其他产品取代。

## 浮法玻璃

浮法玻璃也称为“蓝玻”，是用海砂、石英砂岩粉、纯碱、白云石等原料配制融烧成的玻璃，呈现淡淡的蓝色。由于与普通玻璃的制造原料和工艺不同，浮法玻璃比普通玻璃更平滑，对光的折射小，透光性好，在一般光照下，看上去比普通玻璃通透许多。

通常你去定制水族箱，制作者都会问你使用“绿玻”还是“蓝玻”，蓝玻的价格要高于绿玻 0.5 倍左右。可能是由于配料的问题，浮法玻璃延展性没有普通玻璃好，因此很少制作成热弯、异形等工艺水族箱。一般水族箱生产厂家也很少使用。

## 超白玻璃

超白玻璃也称为“水晶玻璃”，是一种超透明低铁玻璃，是这两年非常流行的水族箱制作材料。目前，全世界只有少数玻璃生产商掌握了超白玻璃的制作工艺，所以，这种玻璃还不能在一般民用中广泛推广。我们用它来粘合水族箱是一种很奢侈的享受。超白玻璃的透光性可以达到 91.5%，对水族箱内景致的色彩还原程度仅次于亚克力。区分超白玻璃、普通玻璃和浮法玻璃的方法是：在水族箱底下铺垫一张报纸，从玻璃立面向下看，从超白玻璃可以清楚看到报纸上的文字，其他两种玻璃看到的则只是一片绿色或蓝色。

目前超白玻璃的价格还比较昂贵，大概是普通玻璃的 2 ~ 4 倍，不同厂家生产的超白玻璃质量也不一样。国内超白玻璃技术因为刚刚起步，所以厚度超过 10 毫米的产品透光度就没有那么好了，美国 PPG、法国圣戈班、英国的皮尔金顿、日本的旭硝子等厂家生产的超白玻璃，技术比较成熟，透光度高于国产产品。但进口玻璃更难得到，一般情况下，我们是享受不到的。

由于国产超白玻璃的技术局限，目前国产超白玻璃水族箱通常规的格不会大于 150 厘米长，使用的最厚玻璃为 12 毫米。即便是这个尺寸，你观看超白玻璃立面的时候，也能发现淡淡的绿色，而不是全透明的。

超白玻璃一般是用来制作饲养水草和海洋无脊椎动物的开放型水槽，有上盖和全封闭的水族箱，通常不使用。因为，当你把超白玻璃包裹起来的时候，它的通透优势就无法体现了。因为制作工艺和原料的原因，超白玻璃柔韧性不如普通玻璃好，因此，一般不用来制作热弯和异形的水族箱。

## 亚克力

亚克力是英文 acrylic 的音译，翻译过来其实就是有机玻璃。化学名称为聚甲基丙烯酸甲酯，是一种开发较早的重要热塑透明材料。

亚克力水族箱诞生很早，至少要有 50 年的历史了。但通常使用于水族馆等公共展览场所，一般家用的很少。亚克力的透光性和色彩还原性毋庸置疑，即使最普通的亚克力也比超白玻璃要透明。其具有好的可塑性，加热后可以制成任意形状，亚克力水族箱比玻璃水族箱安全，一般不会爆裂，也不会有锋利的边角。但其硬度远远不如玻璃，用它制作的水族箱，通常在清理的时候容易留下划痕。亚克力的老化现象比玻璃明显，在使用多年后会出现黄化、污浊的情况。

亚克力的成本比玻璃高很多，而且粘合技术也比玻璃复杂，粘结大型亚克力水族箱的技术还被一些工程公司垄断并保密。所以，不论从产品耐用度还是价格方面考虑，都很难大量普及。

家庭水族箱中，除了儿童养鱼用的玩具水箱和大型工艺水族箱外，很少使用亚克力。

亚克力水族箱可以制作得很大，包括海洋馆里养海豚的大水箱

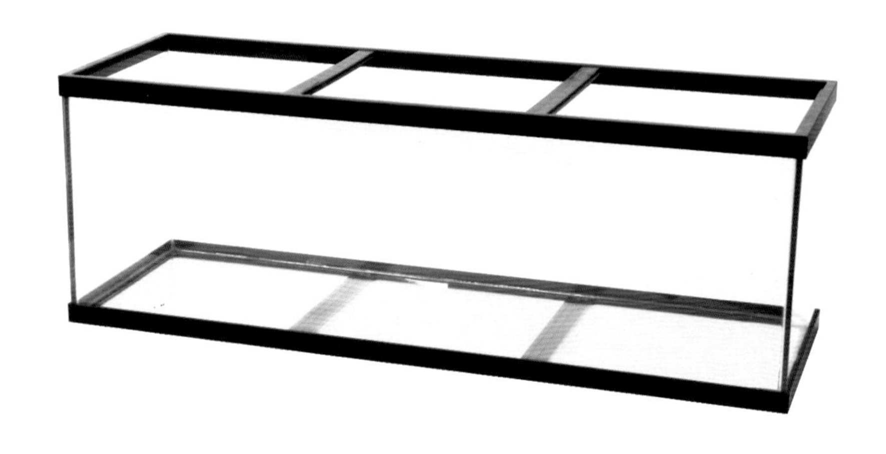

## 容积和玻璃厚度

了解水族箱容积和厚度的关系非常重要，这是家庭水族箱的安全保证，虽然大厂商生产的水族箱已经很安全，但我相信，在迷上水族箱后，你一定会自己设计并定做水族箱的。

水族箱容积的计算方法：

因为水的密度大致是 1，所以长方体水族箱的容积十分容易计算，

即：容积 = 长 × 宽 × 高 ×1

直到现在，由于不同厂商生产的玻璃承压能力不同，而且水族箱的安全和水族箱的高度有很大关系，所以，没有人能给出一个绝对负责任的安全系数。也就是说，粘合多大的水族箱用多厚的玻璃，一般凭借经验。

比如说，粘合一个长 100 厘米、宽 40 厘米、高 50 厘米的水族箱，容积为 200 升，使用 10 毫米的厚度的玻璃是绝对安全的。但是如果我们将容积不变，改变长和高的比例，则会出现变化。如长为 50 厘米、宽 40 厘米，高 100 厘米，这时容积仍然是 200 升，但使用玻璃的厚度最少要 12 毫米，否则水族箱正面和后面很容易发生破裂。这是因为在压力不变的情况下，前后两面的受力面积增大。

水族箱安全与美观的最佳比例：

| 长（厘米） | 宽（厘米） | 高（厘米） | 储水量（升） | 玻璃厚（毫米） | 拉带 | 前面热弯 |
|---|---|---|---|---|---|---|
| 20 | 20 | 25 | 10 | 4 | 不需要 | 可以 |
| 30 | 30 | 25 | 22.5 | 5 | 不需要 | 可以 |
| 40 | 25 | 25 | 25 | 5 | 不需要 | 可以 |
| 60 | 30 | 35 | 63 | 5 | 不需要 | 可以 |
| 60 | 38 | 42 | 96 | 8 | 不需要 | 可以 |
| 80 | 38 | 40 | 121.6 | 8 | 不需要 | 可以 |
| 80 | 40 | 42 | 134.4 | 8 | 需要 | 可以 |
| 100 | 45 | 45 | 202.5 | 10 | 不需要 | 不建议 |
| 120 | 45 | 50 | 270 | 10 ~ 12 | 10 毫米需要 | 可以 |
| 120 | 50 | 60 | 360 | 12 | 需要 | 可以 |
| 150 | 50 | 60 | 450 | 15 | 需要 | 可以 |
| 150 | 60 | 70 | 630 | 19 | 需要 | 不建议 |
| 180 | 60 | 80 | 864 | 19 | 需要 | 不建议 |



## 拉带

拉带也称拉筋、拉条。是粘合水族箱时，起加固作用的玻璃条。一般容积超过 150 升的水族箱就要粘合拉带了。如果水族箱高度在 60 厘

拉带

米以上，可能还要粘合双层拉带。大型水族箱不但顶部要粘合拉带，底部也要粘合。很多人认为粘合拉带后的水族箱不美观，那么请降低水族箱高度到 45 厘米以下，在这个高度以下容积不超过 200 升的水族箱，不粘合拉带也比较安全。

实际上，当水族箱容水高度超过 80 厘米以后，即便使用很厚的玻璃，也会存在安全隐患。在使用时间过长时，高玻璃面和粘合胶缝容易在长时间的强压力下破损开胶。所以，从安全角度出发，家庭水族箱最大高度不应超过 80 厘米。

## 玻璃胶

玻璃胶主要成分为硅酸钠（$Na_2OSiO_2$）和醋酸以及有机性的硅酮。分两大类：硅酮胶和聚氨酯胶（PU），硅酮胶又分为酸性胶、中性胶和结构胶等。通常粘合水族箱使用的是透明酸性胶和中性褐色胶。前者粘合后胶干的速度快，后者比较慢。从美观上考虑，大型水族箱的立缝一般采用黑色中性胶粘合。超白玻璃水族箱全部采用透明酸性胶粘合。

现在建材市场上有粘合水族箱的专用玻璃胶，在制作水族箱时最好采用这种胶，而密封胶、结构胶是不适用的。

左上：专用的水族箱粘合胶

右下：在玻璃胶广泛使用前，水族箱是用油土（腻子）粘合的，外面有金属框架

对页：大型水族箱的粘合，需要先将玻璃用工具固定，然后向缝隙里灌入玻璃胶

# 粘合水族箱

早期的鱼缸只能是方形的，因为在硅胶（玻璃胶）还没有被普及使用的时候，我们必须用油土（腻子）来组织拼合，防止漏水，在玻璃外还要用金属（如角铁或铁皮）制成方架用来固定。这种形式的水族箱从19世纪中期开始一直兴盛到20世纪80年代，随着硅胶技术的提高而被取代。

粘合处的玻璃胶不是越厚越好，现代鱼缸都是用硅胶粘合而成的，根据制造商的情况，他们会为鱼缸选择不同品种的硅胶。在选购的时候要观察硅胶粘合线是否均匀整齐，有无补胶的痕迹。大型水族箱生产厂使用流水线粘合玻璃，机械控制的工艺非常精确，一般只有1毫米左右的粘合线，但均匀牢固，是非常安全的。民间商户手工制作的鱼缸，就要看制作师傅的手艺了。技艺精湛的师傅，打胶均匀、笔直，不比机器工艺差，粘合后美观坚固。

# 玻璃工艺

人类利用玻璃已经有几百年的历史，发展到今天，已经能对玻璃进行许多形式的加工，以增强玻璃的强度和美观，满足生活中的各种使用需求。许多玻璃加工工艺也同样适用于水族箱制作。

## 机器磨边

在玻璃磨边机没有被广泛使用之前，我们的水族箱的边缘都是粗糙的。一般为了防止玻璃边划破手指，在水族箱粘合好后，会用砂轮、油石手工打磨掉锋利的锐角。

从 2000 年以后，机器磨边玻璃的水族箱替代了传统磨边的产品。机器磨边水族箱是在水族箱粘合前，将玻璃裁切成相应的尺寸，先用磨边机磨边，再进行粘合。机器磨边的水族箱边缘平滑整齐也绝不会划伤手。

手工磨边（左）和机器磨边玻璃的对比

## 钢化玻璃

钢化玻璃是将普通退火玻璃先切割成要求尺寸，然后加热到接近软化点的 700 度左右，再进行快速均匀的冷却而得到。钢化处理后玻璃表面形成均匀压应力，而内部则形成张应力，使玻璃的抗弯和抗冲击强度得以提高，其强度约是普通退火玻璃的 4 倍以上。已钢化处理好的钢化玻璃，不能再作任何切割、磨削等加工或受破损，否则就会因破坏均匀压应力平衡而“粉身碎骨”。

钢化玻璃一旦破裂就会粉身碎骨

## 热弯玻璃

热弯玻璃是由平板玻璃加热软化在模具中成型，再经退火制成的曲面玻璃。前几年非常流行前面有弧度的热弯玻璃水族箱，这两年，该类产品逐步被简约的超白玻璃水族箱所取代。

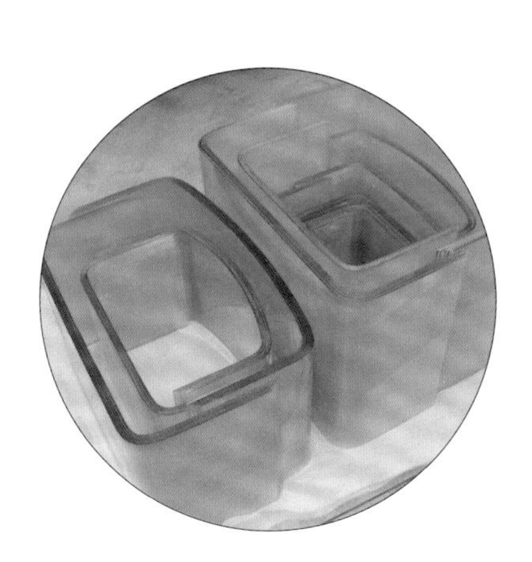

用来制作水族箱的热弯玻璃

夹胶玻璃

## 夹胶玻璃

夹胶玻璃也称夹层玻璃，英文名叫Laminated Glass。夹胶玻璃是两片或多片浮法玻璃中间夹以强韧PVB（乙烯聚合物丁酸盐）胶膜或其他胶合材料，经热压机压合并尽可能地排出中间空气，然后放入高压蒸汽釜内利用高温高压将残余的少量空气溶入胶膜而成。通常用在耐震、防盗、防弹、防爆灯设施上。

盛水1吨以上的水族箱会使用到夹胶玻璃，不过家庭水族箱中很难遇到。夹胶玻璃的好坏和夹胶的均匀程度有关，均匀的夹胶玻璃不但安全可靠，而且透光性好。

## 玻璃开孔

有的时候，为了安装已有的特殊设备，要在水族箱底部、侧面或者背面开孔。比如：安装底部过滤槽的上下水管，安装水族箱外造流水泵等。现在玻璃开孔并不是很难的事情，五金店里就有专用的玻璃开孔器出售。开孔器规格与标制水管粗细相匹配。

玻璃开孔时，为了防止破裂要一边向开孔处喷水，一边操作。这个技术没有什么难度，但只有操作熟练的人开出的孔才美观均匀。通常越厚的玻璃在开孔时，越不容易破裂。5毫米的玻璃开孔时稍有不慎就会整个裂开，无法再用。

玻璃开孔安装水管与玻璃开孔器



# 水族箱的安放

将水族箱安放在家中的什么地方是非常科学的事情，水族箱位置安放得合适，不但方便日常家居生活和水族箱的维护，还对所饲养的生物有好处。水族箱一般放置在家中的客厅、玄关、餐厅、书房等处，最好别放置在卧室内，因为即便再好的设备，在夜深人静的时候运转，也会产生一定的噪音。

安装水族箱的位置最好不靠近窗户，阳光直射对于鱼缸有百害而无一利，强烈的阳光不仅会让水中藻类滋生，而且还会缩短一些水族箱部件的寿命。比如一些水族箱的边缘、盖子是用塑料制作的，过热的阳光暴晒然后再变冷，会让塑料逐渐变脆，还会使塑料退色。铝合金的鱼缸盖不太怕阳光，但阳光让它们摸上去很烫手。

同时，水族箱不能靠近厨房，油烟对水的污染很大，漂浮在水面的油膜会影响水的溶氧过程。另外，水族箱安放的地方要尽量方便换水操作，附近不要有怕水怕湿的器物家具。因为在换水的时候，即便你再小心，也会有少许水落在地上或家具上。

空调如果直吹水族箱，会让水温忽高忽低，你饲养的鱼会经常得病。

开放性水槽和水族箱在北方干燥的家居中，水蒸发量很大，能起到为家庭空气加湿的作用。海水水族箱在水分蒸发的过程中，会有一些盐

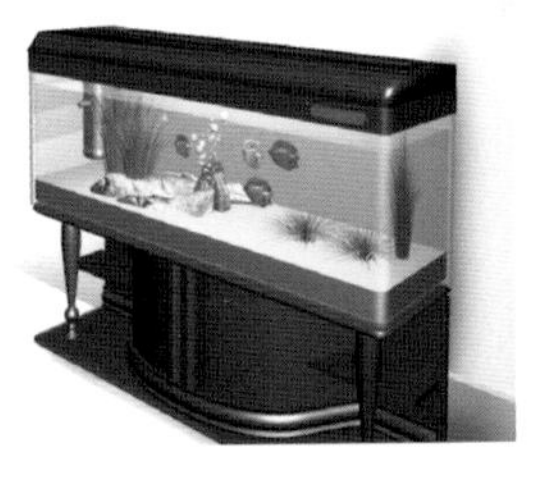

上图：水族箱不能安装在空调直吹的地方

下图：在水族箱和柜子中间铺垫泡沫材料缓冲压力带来的轻微倾斜

分溢出。溢出的盐分会凝结在水族箱上部的边缘、灯具以及柜子里面，如果有临近水族箱的家具，也可能有盐分凝结在上面。所以，海水水族箱，特别是开放式的一定要远离怕腐蚀的家居物品。

下面要说的是水族箱必须水平摆放，你可能认为我说得多余，但我看到过很多人家里的鱼缸是略微倾斜的，并不垂直于地面。看一个鱼缸摆放是否平稳，只要观察其水平面就知道了，水不论你用怎样的容器装载它，水面都是与地面平行的。如果你看到你的鱼缸一侧的水面较另一侧的水面离鱼缸上沿更近的话，那你的鱼缸就是歪的。歪放的鱼缸并不仅仅影响美观，而且有危险。要知道，鱼缸盛水后自重非常大，在倾斜状态下，各粘合部位受力大小不均匀。硅胶粘合缝被挤压变形，时间长了就会开裂漏水。所以在摆放安装水族箱及其底柜时，最好使用水平尺校准，地面不平的时候，需要用东西垫平。在鱼缸下面垫一块和缸底一样大的泡沫塑料是好办法，水位不平的时候，过重的那一端会被压下去，泡沫的弹性让鱼缸恢复水平。

要记住，所有的东西都是有寿命的，并不是一劳永逸。正常使用下，水族箱粘合物硅胶的寿命大概在 8 ～ 15 年（不同品牌略有差异），所以一个水族箱使用 10 年左右就应当考虑更换了，硅胶老化变硬，鱼缸开始逐渐漏水。塑料部件的寿命不比硅胶长，它们通常会变脆，美观性和安全

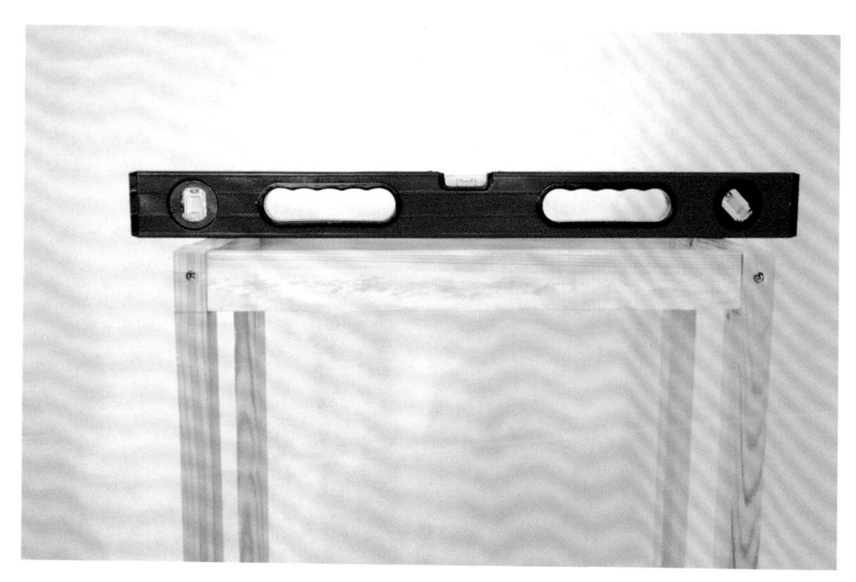

安放水族箱前要用水平尺
测量安放处是否水平

性大大降低。前文还谈及了底柜的寿命也差不多是这样的时间。有人会为重金购买的水族箱在数年就报废的事情愤愤不平，想想吧，汽车都有寿命，100 多万的奔驰、宝马，达到额定年限或公里数的时候都要送到废品站“拍扁”，何况鱼缸呢？

## 水族箱的清洁

有人认为擦鱼缸是最烦人的事情，我也这样认为。想一想，那些黏附在玻璃壁上的顽固藻类，因为饵料和鱼类分泌物形成的蛋白絮，还有因为蒸发在水族箱上部沉积的水垢。它们随着你饲养时间的增加变得越来越多，越来越顽固。钢丝刷可以横扫一切，藻类和水垢在它的刮蹭下消失，然而，钢丝刷也会对玻璃表面造成或多或少的划痕，如果划痕内再生长了藻类，就很难根除。如果你的鱼缸是用亚克力制成的，只要使用钢丝刷擦一次，鱼缸的表面就变得模糊不清，它报废了。我们既要保

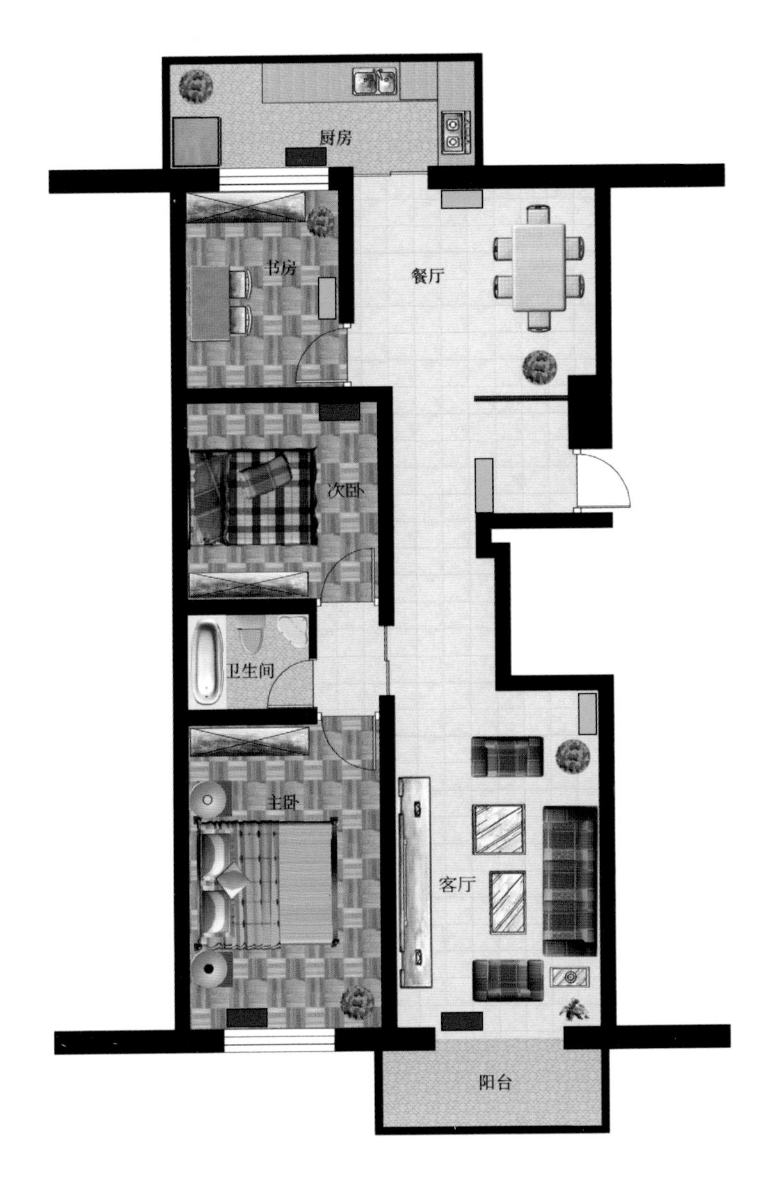


家中适宜安放水族箱的位置

家中不适宜安放水族箱的位置

用塑料卡片清理水族箱内的藻类，可以避免划伤水族箱玻璃

持水族箱的清洁又要维持玻璃更长的寿命，擦缸的工具特别重要。

塑料刷子和百洁布的确是不错的选择，不过它们只能解决褐藻和蛋白絮，对于顽固的绿藻和水垢就无能为力了。海绵也可擦拭掉褐藻等简单污垢，不过使用的时候一应要注意。塑料刷子、百洁布和海绵在擦拭到鱼缸底部的时候容易夹带沙砾，除非你的鱼缸里没有铺沙子，否则夹带的沙砾也会划伤玻璃表面。

一种被成功的饲养者经常使用的擦缸产品格外值得推荐，它纯属废物利用。IC、IP卡是由硬度比较好的塑料制成的，它们可以刮除玻璃和亚克力上面的顽固污渍，而且不会造成划痕。我们可以将卡片用小刀修整成任意形状，方便你清理最难清理的角落。所以，之前提到家庭水族箱一定不能过高，必须保证你的手能轻松摸到底部。当然，最应当注意的是尽量避免过多的藻类滋生和水垢形成。

藻类是靠水中的营养盐和光存活生长的，能有效控制这两个元素，藻类的生长将受到限制。在只饲养鱼时，你完全可以只是欣赏的时候才开启照明灯，鱼并不需要长时间的光照，缩短光照时间对于保持玻璃上不长藻非常有帮助。营养盐主要指硝酸盐和磷酸盐，它们来自鱼的排泄物、腐败的饵料和水草枯叶。经常换水保持营养盐处于比较低的状态也能控制藻类，在种植有茂盛水草的鱼缸中，水草可以消耗大量的营养盐，藻类也会得到抑制。还有，最关键的是要经常擦拭，如果每天擦一次的话，鱼缸会保持光亮如新，如果等到几周后玻璃上生长的藻类已经使你看不到鱼才清理，那是怎样也不能让水族箱光洁如初了。一些藻类为了固定自己也会在玻璃上扎根，虽然坚硬光滑的玻璃表面不容易被侵伤，但藻类会慢慢地侵入其间，最后（数年后），鱼缸玻璃也许会变得坑坑洼洼。

纯净水不生水垢，南方的自来水水垢也不多，北方则不然。在蒸发作用下，水族箱的玻璃上会出现一层层的“白线”。严重的水垢根本擦拭不掉，即便用酸性物质将其祛除后，玻璃也会失去原本的光泽。避免水垢过多的办法很简单，坚持每天为水族箱补水。有些人大意地认为：鱼缸里的水蒸发了一些，对鱼并没有影响，只等到实在蒸发得太多了才开始补水。于是水垢在其鱼缸上部愈结愈厚，直到无法根除。每天补水，蒸发多少马上补充回来，可以将刚结成的水垢总浸泡在水中，有效地在水垢不顽固的阶段溶解稀释它们，保持玻璃处于良好状态。

水族箱玻璃上层的水垢是最难清理的

# 第三章
## 硬件设备

养鱼寄语：养鱼在设备上投入的资金和平时维护水族箱所耗费的经历成反比。如果你想省点事，那就购买价格高一些的设备，如果你乐于整天伺候水族箱中的生物，那就可以购买廉价一些的设备。甚至可以自己买元件，制作饲养设备。

一箱透亮的水加上那些活跃的鱼，难道不能
充分体现出主人高雅的生活品味和乐观勤劳
的生活态度吗？

# 水泵

水泵被称为水族箱的心脏，因为整个水循环和过滤系统完全靠它支撑，如果没有水泵，水族箱内将是一潭死水。在水泵还没有被发明的年月里，人们养鱼必须经常换水，而且多数时间水都是混浊不清的。没有水泵的时候人们还不敢使用大型水族箱，因为那样清理起来太麻烦了。第一款家用水族潜水水泵是 Tuze 发明的，后来 EHEIM 公司开发出了第一款实用的圆桶过滤器，就这样水泵代代相传，逐渐改进，发展出了现在品种繁多的水族箱水泵。

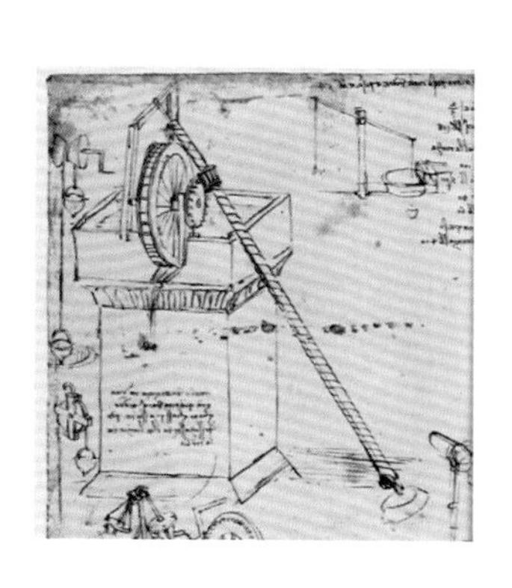

阿基米德的水泵图纸

## 水泵的历史

水的提升对于人类生活和生产都十分重要。古代就已有各种提水器具，例如埃及的链泵（公元前 17 世纪），中国的桔槔（公元前 17 世纪）、辘轳（公元前 11 世纪）和水车（公元 1 世纪）。比较著名的还有公元前 3 世纪，阿基米德发明的螺旋杆，可以平稳连续地将水提至几米高处，其原理仍为现代螺杆泵所利用。

公元前 200 年左右，古希腊工匠克特西比乌斯发明的灭火泵是一种最原始的活塞泵，已具备典型活塞泵的主要元件，但活塞泵只是在出现了蒸汽机之后才得到迅速发展。1840—1850 年，美国沃辛顿发明了泵缸和蒸汽缸对置的活塞泵，标志着现代活塞泵的形成。19 世纪是活塞泵发展的高潮时期，当时已用于水压机等多种机械中。然而随着需水量的剧增，从 20 世纪 20 年代起，低速、流量受到很大限制的活塞泵逐渐被高速的离心泵和回转泵所代替。

利用离心力输水的想法最早出现在列奥纳多·达·芬奇所作的草图中。1689 年，法国物理学家帕潘发明了四叶片叶轮的蜗壳离心泵。而更接近于现代离心泵的则是 1818 年在美国出现的具有径向直叶片、半开式双吸叶轮和蜗壳的所谓“马萨诸塞泵”。1851—1875 年，带有导叶的多级离心泵相继被发明，使得发展高扬程离心泵成为可能。

尽管早在 1754 年，瑞士数学家欧拉就提出了叶轮式水力机械的基本方程式，奠定了离心泵设计的理论基础，但直到 19 世纪末，高速电动机的发明使离心泵获得理想动力源之后，它的优越性才得以充分发挥。在英国的雷诺和德国的普夫莱·德雷尔等许多学者的理论研究和实践的基础上，离心泵的效率大大提高，它的性能范围和使用领域也日益扩大，已成为现代应用最广、产量最大的泵，当然，绝大多数的水族泵也都是离心泵。

## 水族箱水泵的分类

水族箱水泵分为：陆泵、潜水泵、两栖泵、造浪泵。陆泵是安装在水族箱外的品种，用管路来抽水、送水。因为噪音大，现在已经很少使用了。潜水泵是目前运用最多的水泵，它们具有很高的防水性，可以在水下使用，噪音小，很节能。唯一的缺点是会向水中散热。两栖泵是水、陆都可以用的水泵，通常是一些大型号的品种，用于海水水族箱和锦鲤池。造浪泵是专门用来吹动水族箱内水流的水泵，它们一般功率不大，但流量很大，能制造出强劲的水流。并能通过自动控制变换频率，模仿海洋的潮汐。

## 水泵的选购

衡量水泵性能的技术参数有流量、吸程、扬程、轴功率、水功率、效率等；对叶片式水泵来说，还有转速和比转。水族箱水泵常用的参数是扬程、流量。锦鲤池的修建有时还会用到吸程。

吸程即水泵的吸水高度。指由泵体中心至被抽取水源水平面的垂直距离。

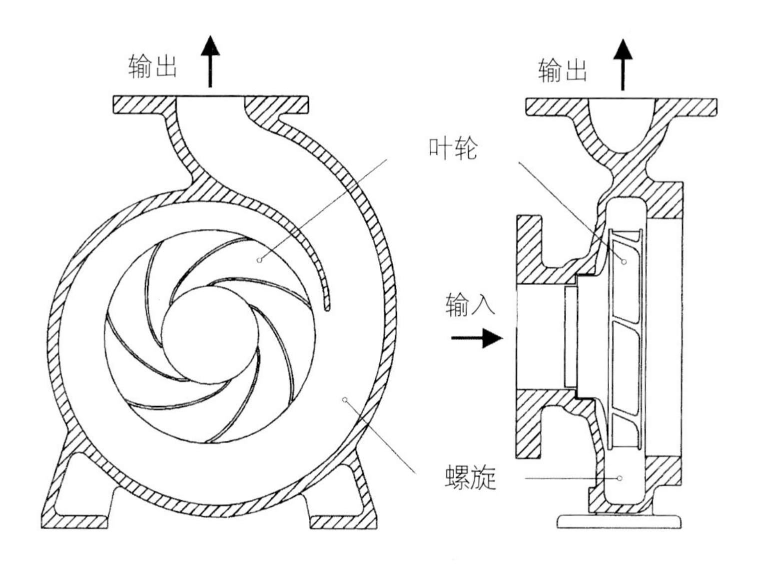


离心泵示意图

扬程即水泵能将水送出的高度（不是喷出，而是通过管路送出）。

流量指水泵在单位时间内输送水量，也称输水量。常用的流量单位有升／秒、升／小时、米$^3$／秒、米$^3$／小时、千克／秒、吨／小时等几种。水族水泵多采用“升／小时”来作为单位。

水族爱好者在挑选水泵的时候，要先根据鱼缸大小、饲养生物的需求选择符合流量要求的品种。淡水水族箱内使用的过滤泵流量建议控制在水族箱总水量的 2 ～ 5 倍，比如：容积为 200 升的水族箱，应配置流量 400 ～ 1000 升／小时的水泵。如果是饲养小型鱼类，如：灯鱼、孔雀鱼应当把流量控制在比较小的范围，过大的流量使鱼缸中水流湍急，影响小鱼正常生活，还容易将小鱼吸走。在容积 200 升的鱼缸中饲养孔雀鱼，甚至可以使用 200 ～ 300 升／小时的水泵。如果是饲养大型食肉鱼类，因其排泄量大、身体强健，必须加大水泵的流量。如：饲养地图鱼、血鹦鹉、银龙鱼等应使用 800 ～ 1200 升／小时的水泵。

饲养海水观赏鱼对水泵的品种要求更高，通常建议选购的水泵流量是鱼缸容积的 7 ～ 10 倍，如果鱼缸过高或过滤系统管路复杂，考虑到

各种家用水泵

扬程衰减影响正常流量，还应加大到容积的 12 倍或更多。比如：容积 400 升的海水水族箱，应选用 4000 升 / 小时的水泵作为主循环泵。当然水泵的个体越大其耗电量也越大，而且运转中的噪音和排放出的热量也会随之增加。

除非是非常优质的水泵，否则都会产生噪音，陆泵比潜水泵噪音大，大泵比小泵噪音大，品质差的泵比品质好的噪音大。如果你不想你的房间里整日嗡嗡作响，要么选择小型水族箱、要么选择价格较高的名牌水泵。水泵的噪音还跟运转温度、自身清洁度有关系，这些将在后面的水泵保养部分介绍。

水泵的中心轴一般有金属和陶瓷的两种，最好选择陶瓷的。饲养小型淡水观赏鱼时，也可以使用金属轴的水泵，如果饲养海水观赏鱼，再或饲养水需要调配成酸性、碱性，那必须使用陶瓷轴的水泵，海水对金属的腐蚀能力非常强，不久金属轴就会损坏。有些水泵的轴为铜制品，这种水泵不能应用于水族。铜离子在工作中被释放到水里，可以杀死大量无脊椎动物和硝化细菌，长时间在含有大量铜离子的水中，鱼也无法健康生活。

复杂的管路会让水泵的扬程衰减，而且影响流量，还会让水泵过热。因此，应尽量少在水泵的出水管上安装弯头、三通等管件。通常一个 90 度的弯头会缩减水泵扬程 0.5 米，当管件过多的时候，就要选择高扬程的水泵。45 度弯头对扬程的影响较小，圆弧弯要比直角弯对水流的阻碍小。过滤器管路应尽量设计成圆弧拐角。

## 水泵的保养

水泵既然是一个水族箱的心脏，为了使这颗“心脏”工作正常，我们必须学会保养它，否则因为不慎造成“心脏”停转，那将是水族箱的灾难。

首先，水泵不是安装到位就完工的东西，需要定期拆装清洗。水族箱内的污物很多，鱼的粪便、腐烂的水草、残留的饵料都有可能被抽到水泵里。由于水泵内转动的方向和杂质的性质，一小部分会残留在泵内，涡轮室和转子、定子间最容易窝存杂质。这些脏东西会使水泵流量减小、

陶瓷泵芯

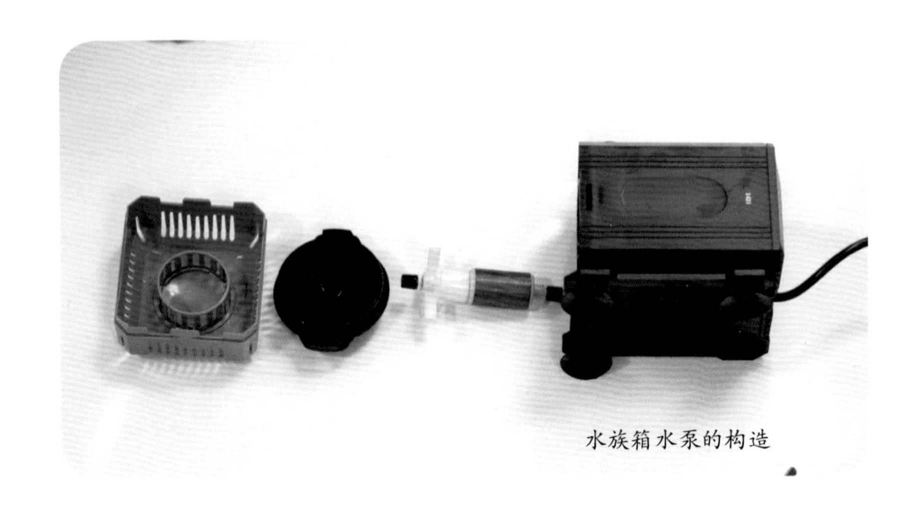

水族箱水泵的构造

工作温度增加、噪音增加，严重的时候会影响水泵正常运转。建议每月清洗一次水泵，将水泵的防护盖打开，取下涡轮、转子和中轴彻底清理水泵内部。注意，拆卸水泵的时候一定要小心不要遗失了里面的橡胶小垫，如果那东西丢了可没有地方配，水泵也就不能正常工作了。

水泵不可以安装在离沙子太近的地方，潜水泵不可以离水使用。有些人喜欢将水泵安装在紧靠鱼缸底部的位置，认为这样污物被抽出得彻底，其实毫无意义，只要水泵在循环，污物都会随着水流被抽到过滤器里。过低安装水泵带来一个严重的问题，细小的沙砾很可能被吸到水泵里，沙砾随着水泵的转动磨损着转子和定子，这种磨损造成部件之间的不严密，而使噪音增加工作效率下降。潜水泵没有设计散热设施，它们生来就是浸泡在水中使用的。如果潜水泵离开水工作，不久它会非常热，随之烧毁里面的电路。

不要让水泵出水口对着太近的障碍物，不要故意堵住出水口或堵住一半。水泵的出水口不停地向外送水，功率大的水泵出水速度非常快。有些人喜欢堵住一半出水口或者让出水口吹击玻璃，这些做法都会缩短水泵的使用寿命。高速冲出的水受到阻力反弹回去，形成逆流，给水泵的涡轮和转子造成了很大的负压，严重的时候会烧毁水泵。

要保持入水口前隔离网的清洁，沉水过滤器要保持内部生化棉的清洁。别忘记经常清洗隔离网，尤其是使用沉水过滤器的时候，一定要把过滤棉上的脏东西定期清理干净。和出水口一样，入水口也不停地将水高速吸进来，流过水泵的水除具有循环作用外，还为水泵本身进行了降温。水流变小或根本抽不上水，会让水泵本身温度增高。

胶皮吸盘是低质易耗品，使用 1 年左右的时间就要更换，否则它将无法起到固定水泵的作用。海水对吸盘的腐蚀非常大，通常几个月后，吸盘上就会融化出黑色粉末，这时如不更换，不但水泵无法固定，而且影响水质。

水泵所使用的电线非常重要，因为它有一半长期浸泡在水中，甚至是盐水中。通常水泵这种设备的寿命比较长，有的人用了 20 年，泵还能正常工作。但水泵的电线，尤其是浸泡在水中的那一段，寿命就没那么长了。长时间浸泡在水中，电线会变得僵硬，滋生在上面的藻类也会缩短其寿命，如果维护不当，5 年左右电线的包皮就会开裂，这个时候就不要使用了，不要拿生命开玩笑。即使维护得好，7 年的时间也够长的了，这个时候的水泵电线存在很大隐患，应及早淘汰。在海水中电线被腐蚀的情况更严重，所以要提早更换。一些有尖锐牙齿的鱼会啃咬电线，造成短路，淡水鱼中有这样习惯的有牙鱼、水虎、大型慈鲷等；海水鱼中有炮弹、神仙鱼和鲨鱼。饲养这些鱼的时候要在电线外加一节护套管。

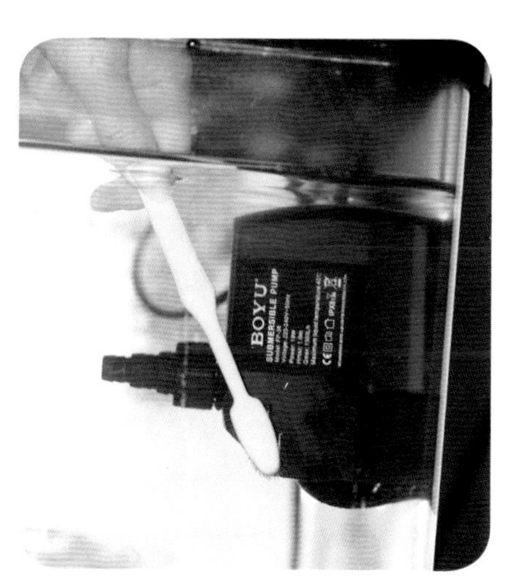


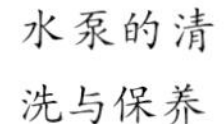

水泵的清洗与保养

# 过滤器

## 过滤原理——让富氧水流过表面粗糙介质

所谓的过滤系统，并不是我们通常说的用一个水泵将水抽到过滤棉上，将杂质留下后，水再返回水族箱中。那是最简单的过滤器，它只负责将水中颗粒状的杂质去除掉。在一个成熟的水族箱中，鱼类的粪便、

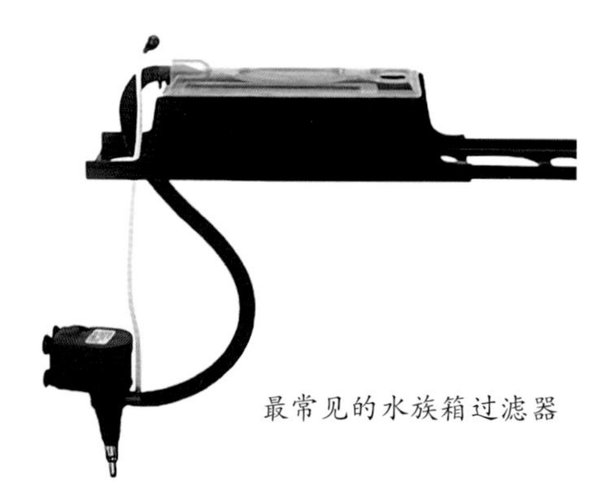

最常见的水族箱过滤器

体表排出的废物、残留的饵料等会在很短的时间内转化成氨（$NH_3^-$）或铵（$NH_4^-$），它们都是有毒的。水中含有0.1毫克／升的氨，鱼就可能受到伤害，当氨高过0.3毫克／升时，很多鱼都会被毒死。氨与水中的氢离子结合形成铵（$NH_3+H \rightarrow NH_4$），铵的毒性要比氨小一些，因为它通过鳃的时候不容易进入鱼的血液循环中。但在碱度达到7.0以上的海水中，氢离子数量比较少，氨存在的数量比较多。因此，如果我们不设法去除氨，鱼不可能生存下去。

通常，我们借助硝化细菌来处理水中的氨，硝化细菌可以将氨转化为毒性不强的亚硝酸盐（$NO_2^-$），再将亚硝酸盐转化为毒性更小的硝酸盐（$NO_3^-$）。于是我们才可以得到能够安全养鱼的水。

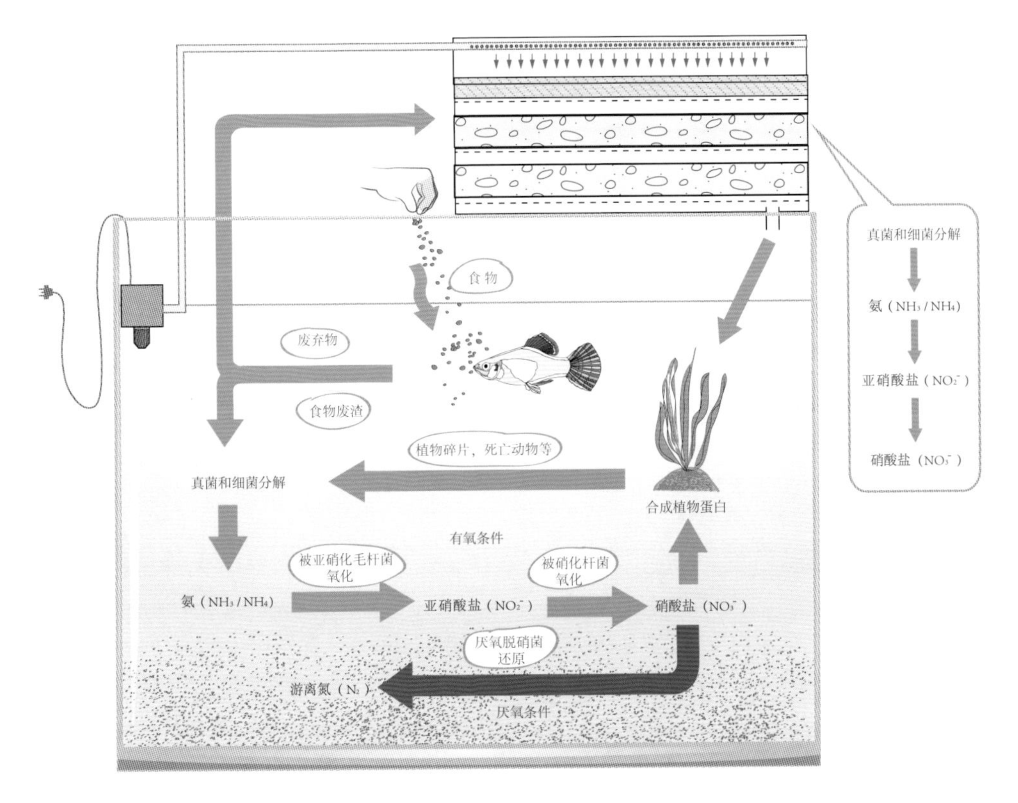


生物过滤示意全图

$$2NH_3+3O_2 \rightarrow 2NO_2^-+2H_2O+2H^+ + \text{能量硝酸菌}$$

$$2NO_2+O_2 \rightarrow 2NO_3 + \text{能量}$$

硝化细菌需要附生在一些物质的表面，比如说沙子、石头、水族箱的玻璃壁上。我们饲养的鱼越多，需要的硝化细菌也就越多。但在水族箱内附生的硝化细菌远远不能满足饲养的需要，于是人们建立了专门为硝化细菌繁衍的空间，让水流过那里，再流回水族箱。这就是过滤系统的核心部分——生物过滤区，因为它降解和带走的是水中的有毒物质，所以，可以称呼它为水族箱的“肝”和“肾”。生物过滤区内存放大量的生物滤材，它们具有大量的细小空隙，形成巨大的表面积，可以供大量的硝化细菌生存繁衍。

了解了过滤系统的本质，我们再来谈过滤系统的建设。

通常过滤系统由生物过滤区、物理过滤区和水泵组成，它的形式多种多样，很多人在讲解过滤系统的时候都喜欢将古今中外所有的形式一一罗列出来，实际上过滤系统之间都是大同小异的。

过滤系统是贯穿于整个水族箱的庞大系统，包括放在水族箱顶部、底柜里的过滤器；过滤器与水族箱链接的管路以及水族箱内的底沙等。水由水泵驱动，从水族箱流进过滤器，然后再根据重力的原理，流回水族箱。海水水族箱过滤器因为放置在下方，通常是通过水的重力靠链接管道流入过滤器，然后再靠水泵抽回水族箱。过滤率器内放置各种滤材。过滤棉用来阻隔大颗粒的杂质，它必须经常清洗，以防水中杂质流入生物滤材，阻塞细菌生活的小空隙。目前还没有一个可靠的数据能说明多少升容积的水族箱，需要多少生物滤材，一般只能凭借经验。

生物滤材在使用过程中要保证有充足的富氧水流过，否则其不能体现出良好的作用。在使用 1 年后需要适当清洗生物滤材。不要将它们全拿出来用淡水清洗，那样会杀死所有的硝化细菌，造成水族箱的系统崩溃。最明智的办法是每次清洗 1/3，并用水族箱内换出来的旧水清洗。如果滤材表面空隙阻塞得太严重了，就要适当更换些新滤材，每次更换数量也不要多于 1/3。

硝化细菌（ nitrifying ）是一种好气性细菌，能在有氧的水中或砂层中生长，并在氮循环以及水质净化过程中扮演着很重要的角色。它们包括形态互异类型的一种杆菌、球菌或螺旋菌属于自营性细菌的一类，含两个细菌亚群，一类是亚硝酸细菌（又称氨氧化菌），将氨氧化成亚硝酸；另一类是硝酸细菌（又称硝化细菌），将亚硝酸氧化成硝酸。

在建立了新的水族箱后，要向水中添加硝化细菌孢子或硝化细菌培养基，否则水质会很长时间得不到稳定。

## 滤材

过滤棉

必须放在过滤系统的最前面，并保证足够厚。它可以阻挠水中的悬浮颗粒阻塞生物滤材的空隙，防止硝化细菌缺氧死亡。过滤棉需要定期清洗更换，建议至少每周清洗 2 次。

生化棉

用来培养硝化细菌，通常在小型沉水式过滤器内使用，也有大张的铺在上部过滤器、过滤桶和过滤槽中。需要一个月左右清洗一次，如果不清洗，生化棉空隙会被小颗粒杂质堵塞。

粗沙

用来培养硝化细菌，建议每 100 升水体，配备 5 千克的粗沙，放置在过滤器里。最好使用颗粒直径大于 20 毫米的沙，如果砂粒太小很可能造成很多水流的死角，而形成有毒有害的物质。

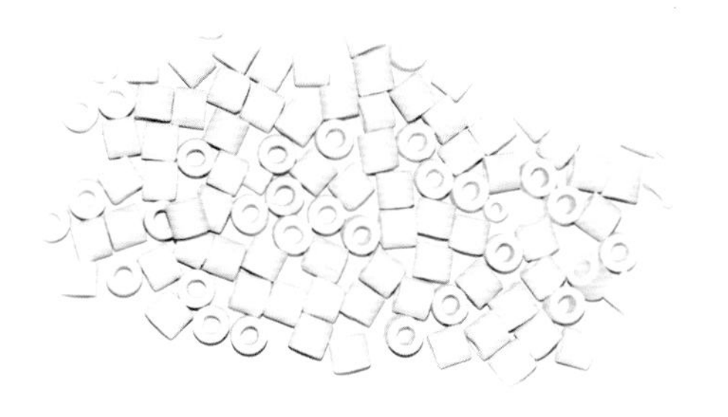

各种滤材，从左到右依次为：过滤棉、生化棉、粗沙、陶瓷环、生物球

陶瓷环

陶瓷环是比粗沙空隙多得多的过滤材料，由人工烧制而成。质地优良的陶瓷环被放在墨水上时，可以将墨水吸附上来。一般每 100 升水需要至少 2 千克的陶瓷环，必须在放置陶瓷环过滤格的前面放置过滤棉，陶瓷环的空隙很容易被杂物阻塞。不要让陶瓷环被光源照射到，它们表面很容易附着上藻类而阻塞空隙，憋死硝化细菌。

生物球

生物球是由塑料制成的人工生物滤材，它的表面积更大，附着的硝化细菌更多。但因为放到水里会漂浮起来，不适合用于沉水形过滤器。最好的办法是将它们放置在高于水族箱的过滤器里，并让水均匀地从它们表面流过，这种办法被称为滴流过滤器。但由于其占面积太多，也不美观，目前已很少有人使用了。

## 各种过滤器

上部过滤器

上部过滤器也称过滤槽，是最传统、历史最悠久的过滤器。以前，上部过滤器内只能放置一张过滤棉，起到将鱼的粪便从水中分离的作用。人们只需要定期洗过滤棉，免去经常换水的麻烦。现在的上部过滤器被开发成了多层的滴流过滤，除第一层还是放置过滤棉外，其他层皆可以放置培养硝化细菌的生化棉和生物球。

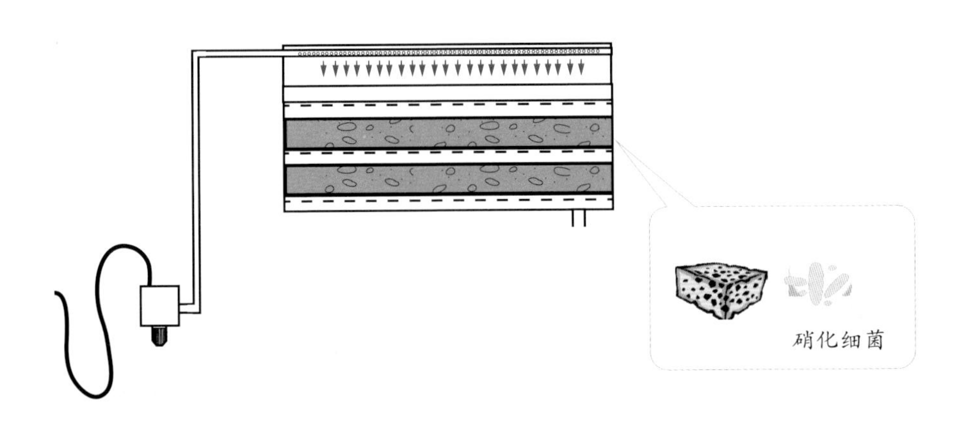

上部滴流过滤器

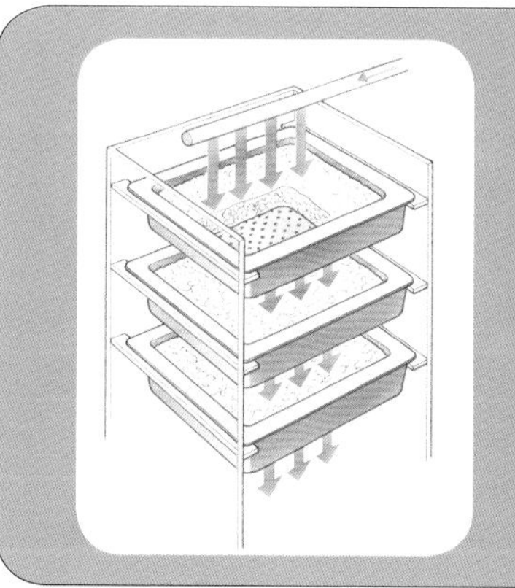

滴流过滤方式：

滴流过滤方式是培养硝化细菌最好的方式。它让水流过暴露在空气中的滤材，过滤过程中氧含量充足，非常适合硝化细菌的生存和工作。不过滴流过滤一般不是很美观，不容易隐藏在柜子里。

圆桶过滤器

圆桶过滤器（过滤桶），是将水泵和过滤桶结合起来的商品，它的核心还是水泵（泵头）部分。挑选的时候要看密封胶垫是否完好无损，插上电源看水泵空转时噪音是否过大，是否晃动。一般水泵空转时都比带水工作时噪音大，如果你能接受空转的噪音，带水工作时自然也没有问题。如果水泵运转时过滤桶出现晃动，说明水泵安装不合理，重心偏移。这样的过滤桶容易在使用一段时间后漏水。

过滤桶一般用在栽培水草的水族箱上，因为容易被大颗粒杂质堵塞，所以，不适合用在饲养大型鱼或金鱼的水族箱上。

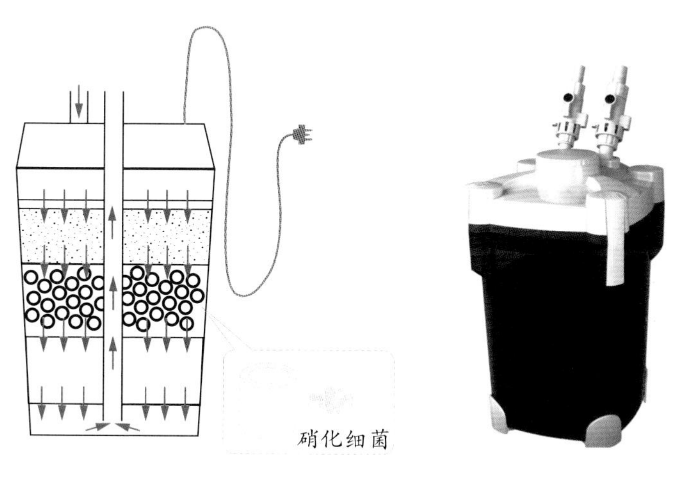

底床过滤

底床过滤又称底滤，也是早就出现的过滤方式。安装方法是在水族箱底部铺一片或多片细密的格栅板，然后在格栅板上铺设沙砾。在格栅板的一侧安装水管，水管上方链接水泵或接入气泵气管，通过水泵动力或者气体上升的牵引力，带动水管内的水上升，同时在压力的作用下，水族箱内的水通过沙砾层流经格栅板。因为沙层内能培养大量的硝化细菌，所以可以起到良好的生物过滤作用。

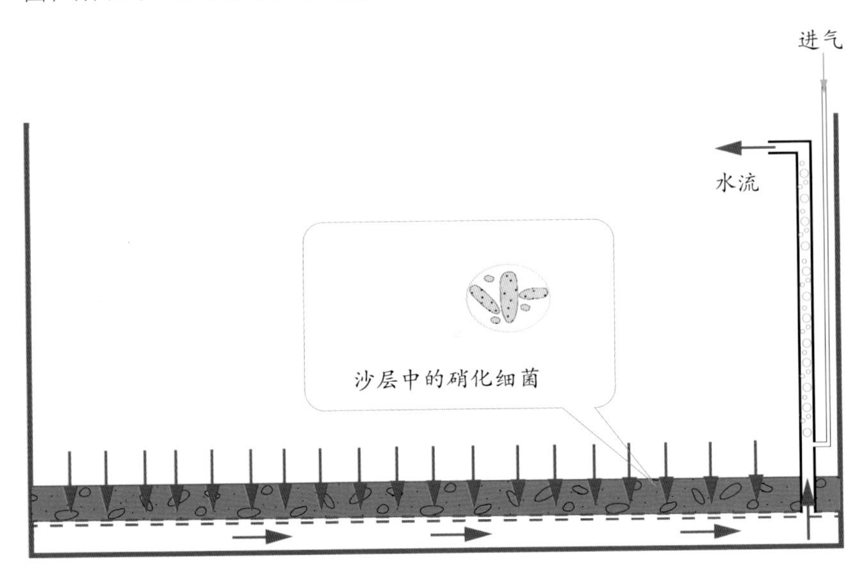


滤材的清洗：
过滤棉只是用来阻隔大颗粒碎屑的，可以用自来水清洗并消毒。生物滤材内有大量硝化细菌，不能粗暴清洗，要用水族箱内换出的水来清洗，以免硝化细菌大量死亡，使过滤系统失效。

底滤板

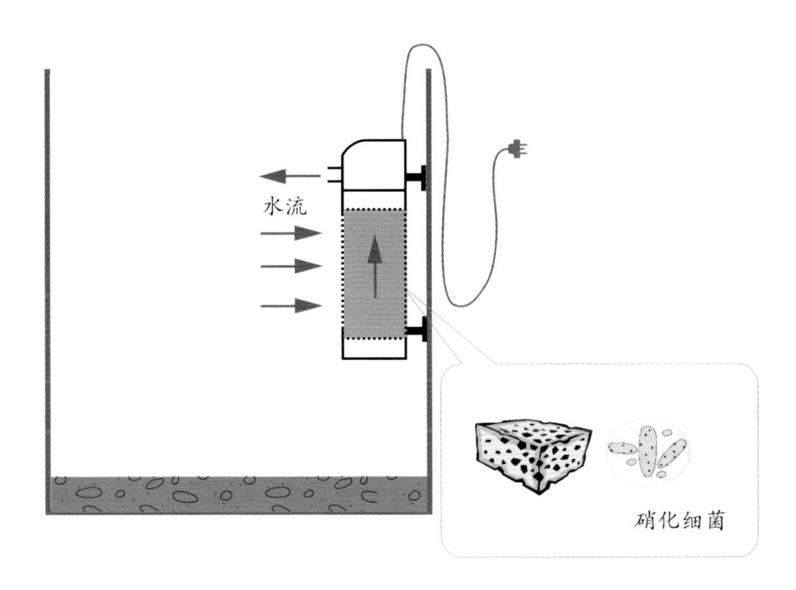




沉水过滤器

沉水过滤器也称水族箱内部过滤器，是用于小型水族箱的一种过滤设备。分为两种：一种是用小水泵带动，另一种是由气流带动。通过这两种动力，使水流过过滤器内部的生化棉达到培养硝化细菌净化水质的目的。沉水过滤器只适合小水族箱饲养小型观赏鱼使用，如果用来饲养大型鱼，内部的生化棉会很快堵塞发臭，水质随之败坏。气动型沉水过滤器也称海绵过滤器或水妖精。

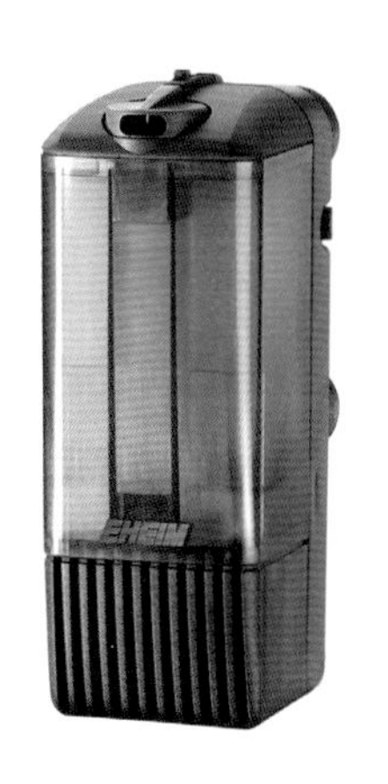

沉水过滤器

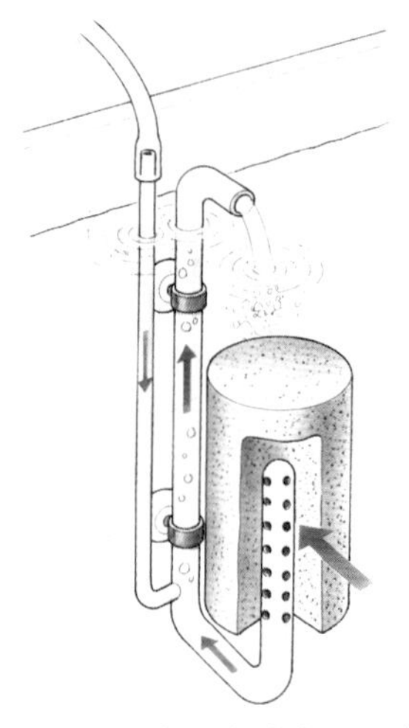

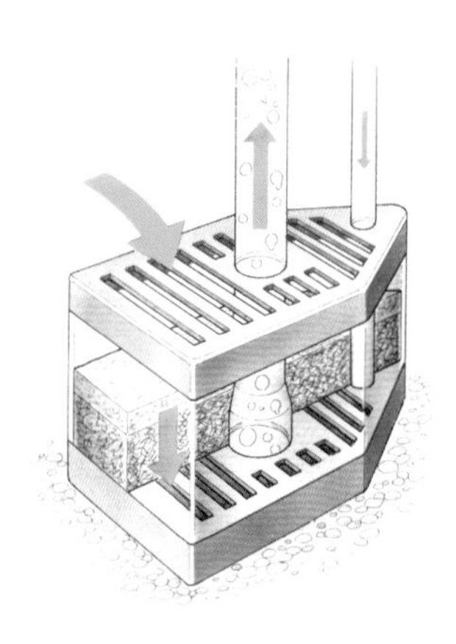

气动式沉水过滤器工作原理

气动式沉水过滤器（水妖精）

去油膜器：

通常在使用圆桶过滤器和内置过滤器的水族箱中要安装去油膜器，以便去除漂浮在水面的油污和杂物。气动过滤盒上部过滤由于会不停搅动水面，油污无法停留，所以用不到去油膜器。

## 悬挂式过滤器

悬挂式过滤器也称"瀑布过滤器"，也是用于小型水族箱的一种箱外过滤器。它的工作原理是利用水泵将水抽到外置的过滤盒中，水通过盒中培养硝化细菌的生化棉时，达到过滤的效果。这种过滤器也不能应用于大型水族箱饲养大型观赏鱼。由于水是通过重力流回水族箱内水面的，使用这种过滤器，水族箱不能有盖子，而且会产生一定的水流声音。



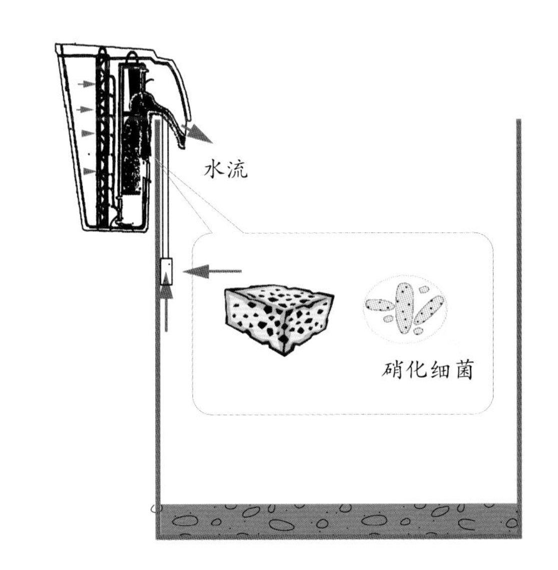

各种悬挂式过滤器（瀑布过滤器）

集成型过滤槽

集成型过滤槽是大型水族箱或海水水族箱使用的过滤器，可以由玻璃或亚克力粘合而成，里面分隔成多个过滤区域，可以放置大量生物滤材，同时还是安装特殊过滤设备和水质控制系统的平台。

集成过滤槽一般放置在水族箱的底柜里，水在重力的作用下随管道流到过滤槽里，再由水泵抽回水族箱。这种过滤效果非常好，但因为使用的水泵比较大，不太适合用来饲养小型观赏鱼。

为了给中小型水族箱配置同样效果的过滤器，人们发明了"背过滤"。背过滤实际是把集成型过滤槽缩小若干倍后，安装在水族箱背面的一种形式。使用这种过滤必须要为水族箱粘贴背景板，否则当我们欣赏的时候，总能看到后面凌乱的滤材和设备。

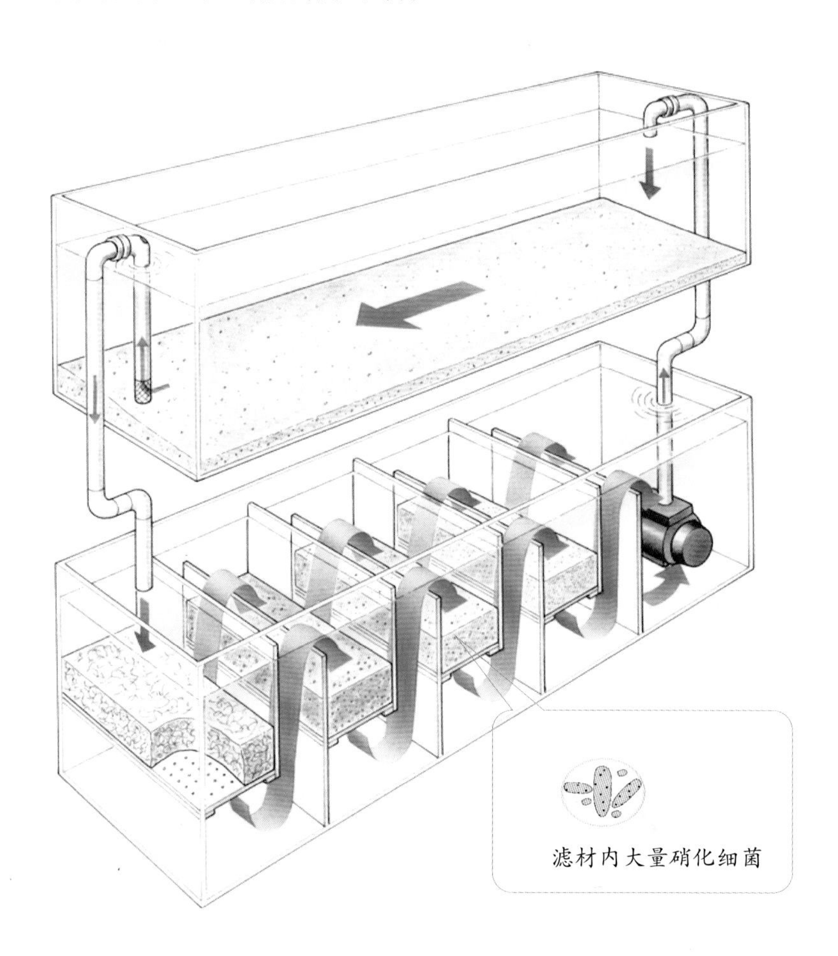

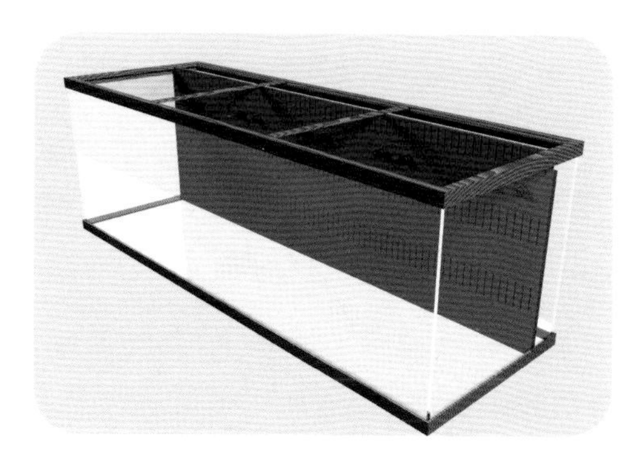

背部过滤形式的水族箱

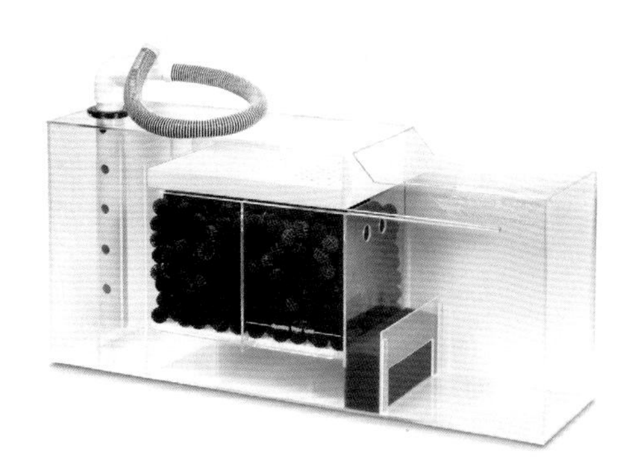

集成型过滤器

活性炭和沸石：

这两种过滤材料不属于生物滤材，它们是吸附剂。活性炭用来吸附水中的颜色、药物和气味，沸石可以用来吸附氨氮。沸石长时间放在过滤器中，当氨氮被吸满后，就成了普通生物过滤温床，上面也会布满硝化细菌。沸石还会不停调节水中的矿物质，过多时它来吸收，缺少时它来释放。活性炭不能长期放在过滤器里，通常用完需拿出来，活性炭吸满后，会向水中释放原本吸收的有毒有害物质。

# 灯具

灯具之所以能从一种只是为了方便晚间欣赏的不必要设备，逐渐成为了当今水族器材中的必要元素是因为我们养鱼主要是为了观赏它们的美丽，而当今光源技术的发展能使水中的景色更加富于变化，尤其是一些特殊灯具，能更加淋漓尽致地把鱼绚丽的颜色还原出来。灯具还可以为水生植物提供重要的光线，维持它们的光合作用。

## 灯具的历史

1879 年 10 月 21 日，爱迪生发明了第一只炭化棉灯泡，之后电灯逐渐应用到人类生活的个个领域。20 世纪初欧洲人开始把它安置在鱼缸的上方，用来照亮自己饲养的鱼和水草。他们把一只白炽灯泡一半放在水中，一半暴露在外，当开启电源的时候灯泡不但可以照亮整个水族箱，同时浸泡在水中的部分向水里散热，还可以起到为水加温的作用，这个方法在 20 世纪 50 年代中国的民间热带观赏鱼饲养中也非常流行。但白炽灯本身色温很低，发出的光颜色偏黄，其演色性也非常差，使很多鱼在其照射下黯然失色，红鱼看上去成了橘黄色，蓝鱼看上去是墨绿色。夏天的时候，白炽灯散发的热量会严重影响到鱼缸里水的温度。冬天人们用浸泡一半灯泡的方法为水加热时，灯泡往往由于温度不均而破裂，造成漏电，十分危险。不论是欧洲人还是中国人，使用这种照明设备，都是当时无奈之举。

1938 年，美国通用电子公司的伊曼发明了节电的荧光灯（日光灯）。这种荧光灯是一根玻璃管，管内充进一定量的水银，管的内壁有荧光粉。在灯管的两端各有一个灯丝做电极。当通电后，首先是水银蒸汽放电，同时产生紫外线，紫外线激发管内壁的荧光物质而发出可见光。因为这种光的成分和日光很相似，所以，也被称作日光灯。第二次世界大战后，荧光灯被广泛应用到人类生活的许多领域，当然也包括水族照明领域。现在已经无法考证到底是谁第一个将荧光灯应用到了鱼缸的照明上，不过他当时的举动革命性地影响了水族照明设备的发展。一直到现在，荧光灯仍然是水族箱照明方面最常用的设备。

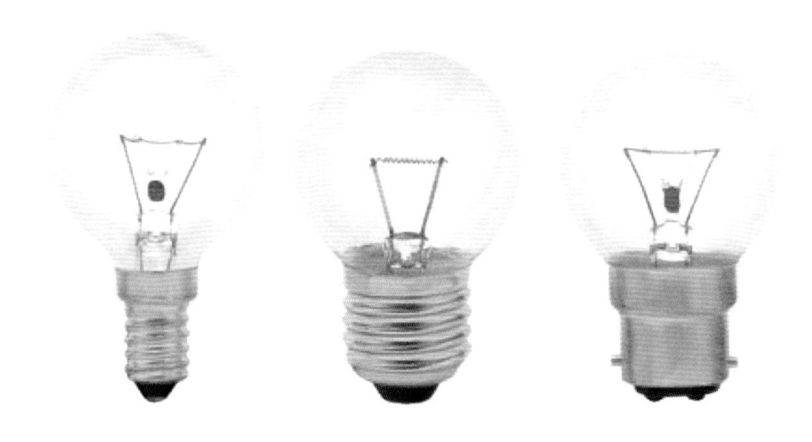

白炽灯泡

早期使用荧光灯为水族箱照明的方法是：直接将民用荧光灯架安装上开关放在水族箱上方的加固拉带上。这种光源比起白炽灯泡更适合安装在通用的长方形水族箱上，而且其产生的光更接近太阳光，可以突出鱼的美丽，并维持水生植物的正常光合作用。受到光照设备改良的影响，在 20 世纪 80 年代，欧洲国家和美国的观赏鱼爱好者开始大量在水族箱中饲养水草，而且很快就风靡全世界。栽培有水草的水族箱比起仅饲养鱼的水族箱更自然美丽，人们可以在家中尽情欣赏微缩的自然生态环境。但民用灯架在防水方面没有任何措施，因照明造成的水族箱漏电事故常有发生。民用灯架放在水族箱上也很不美观，而且不论是尺寸和放置方法都受到了局限。就此，当时一些水族设备的制造商开始研究制作专用于水族照明的灯架。早期的水族专用灯架突出了安全性，将荧光灯尽量封闭在一个壳子里面，即便有水溅在上面也不会有漏电的危险。人们开始欣然用安装有普通荧光灯的这种灯架饲养自己喜欢的水草，此时，水族灯具的作用已经从原本的照明用途发展成了水生态维护的重要工具，观赏鱼爱好者每天开启照明的时间也从晚上欣赏时才开，发展成根据饲养生物需要开启光源。

不久，需要饲养更高级水草或珊瑚的观赏鱼爱好者开始提出了问题，民用荧光灯不能满足他们要饲养的生物的光照要求。他们有的需要红光来维持水草叶绿素高效合成，有的则需要蓝光来展现珊瑚美丽的荧光颜色。而且这些要求并不一定科学，实际上需要红光的人并不是需要波长在 660 ~ 720 纳米的正红光，需要蓝光的人也不是需要 465 ~ 475 纳米

左图：荧光灯灯具

的超蓝光。这些需求实际上是要达到“偏一点儿”的概念，也就是在白色光的基础上饲养水草的人需要稍微偏红的，饲养珊瑚的人需要稍微偏蓝的。于是不论是民用的色温 5300 开尔文、6400 开尔文的白光荧光灯，还是工业或文化业用的彩色荧光灯都不能满足饲养者的需要。怎么办呢？一些荧光灯生产商开始研发专门适合动植物生长需要的水族专用灯管，那大概是 20 世纪 80 年代后的事情。通过改良荧光灯内荧光粉的参数来促使其发出不同颜色光，在当时的技术领域已经不是难题，很快许多型号的水族照明专用荧光灯管被发明了出来，到了 20 世纪的最后几年，市场上的水族专用荧光灯已经发展出了十几个品种。如：根据植物的生长需要，人们在原有三基色灯管的基础上加强了红色波长，于是就有了植物灯管（俗称：粉管）；为了展现珊瑚体内的荧光颜色，在三基色灯管的基础上加强了蓝色波长，于是就有了软体专用灯管（俗称：品蓝管）；为了提高显色性，人们还开发出了全光谱的灯管，这种设计让灯管发出的光完全模拟太阳，由红、橙、黄、绿、蓝、靛、紫七色组成，可以把水生生物的颜色展现得淋漓尽致。这些设计在几年内满足了水族爱好者对水族照明产品的要求，但不久更高的要求出来了。

他们需要水族箱更亮，用来饲养需光非常多的生物，如：淡水水草中的太阳草，珊瑚中的鹿角珊瑚或蔷薇珊瑚。而达到这个要求无非是两个办法，第一个是不停地增加灯管的数量，第二个是彻底在灯管本身发光量上进行革命。2000 年前后传统的水族照明灯管，大多为 T8 标准，一个 50 厘米宽的水族箱上面最多并排安装 4 根，如果再多则会导致散热问题或造成水族箱日常维护操作困难。于是在民用灯上刚刚显露头角的 T5、T4 和 PL 荧光灯被引入了水族领域。同功耗的情况下，T5 灯管和 T8 灯管的发光系数是一样的，甚至更高，但其直径要比 T8 小很多，使用 T5 灯管在同样的 50 厘米宽水族箱上可以并排放置的数量增加到 6 根，照度提高了至少 50%。早在 1978 年飞利浦公司就发明出了紧凑型荧光灯，也就是 PL 灯管，后来又演变出了节能型紧凑荧光灯（节能灯），它们与同功耗普通荧光灯管相比体积更小，发光系数更高。21 世纪初，

荧光灯的使用

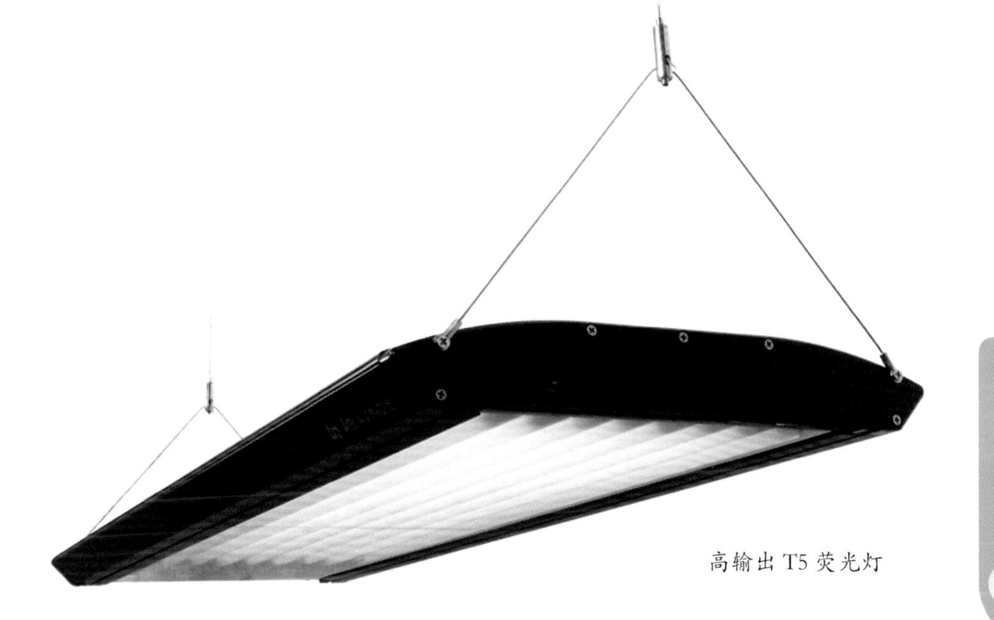

高输出 T5 荧光灯



很多水族灯具的生产商看到了这一点，并很快把这类品种运用到了水族照明领域。PL 灯管由于长度在原荧光灯的基础上大大地缩短了，非常适合安装在长度小于 60 厘米的小型水族箱上，从此微型水族景观造景水族箱开始在全球风靡。

不久水族爱好者又提出了问题，那就是荧光灯的穿透性太低，只能供给高度小于 55 厘米的水族箱照明。若水族箱高度大于 60 厘米，则底部区域的生物无法达到额定光照需求，这个弊端即便增加再多的灯管也不会得到改善。怎么办呢？高输出荧光灯（HO 和 VHO）就此登上了水族灯具发展的历史舞台。这种荧光灯实际是被设计作为高大建筑内部照明的，如：厂房、礼堂等。它在原有的荧光灯基础上改良了荧光体层，使得同样长度的灯管功率增加了一倍以上。如：120 厘米长的普通灯管其功率为 36 瓦，而 HO 灯管功率为 75 瓦，超高输出灯管（VHO）为 100 瓦。功率的增大，使得其输出也成倍增大，不论是光照度还是穿透性都能达到普通荧光灯的若干倍。这种灯管被引入后，完全解决了水草和珊瑚对强光照的需求。之后生产商又在灯管直径上进行改革，研发了适合水族箱使用的 T5HO 灯具，这个设计是目前水族照明荧光灯系列里最先进的品种。

上面我们说的都是荧光灯在水族领域的发展，那起初的白炽灯是否就被遗弃了呢？没有，实际上它和荧光灯在水族领域里沿着一个平行的

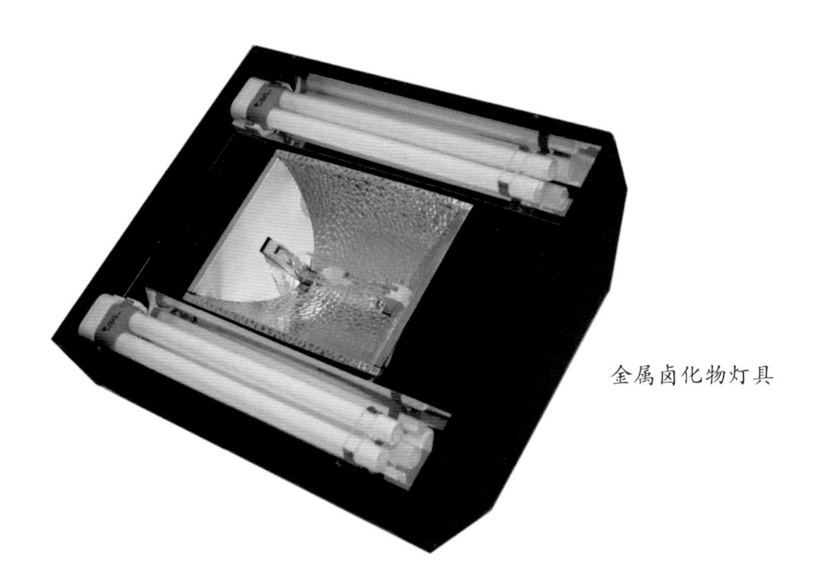

金属卤化物灯具

轨道一起在发展，只不过它已不是传统的钨丝白炽灯了，而是和白炽灯发光原理一样，但光的输出量却更强大的“复金属卤化物灯”。

复金属卤化物灯在水族领域通常被简称为卤素灯，一般在工业上使用较多。由于其发光量大，穿透性强，从20世纪中期开始就被欧美人使用来饲养珊瑚。直到现在，大型珊瑚礁水族箱和大规模海洋馆仍然把卤素灯作为最重要的饲养光源。人们把卤素灯引入水族领域，对它做的改良，远远不及对荧光灯的多。为了更好地展现珊瑚的颜色、刺激腔肠动物更为活跃，人们只改变了工业金属卤素灯的色温。一般工业用的卤素灯色温只有两个标号，即5300开尔文（黄光）和6400开尔文（白

金属卤素灯在饲养珊瑚水族箱上的应用

波光粼粼的感觉：

我们经常赞美水下波光粼粼的感觉，要想得到这个效果，必须让点光源穿过略微波动的水面。什么是点光源？太阳、白炽灯、金属卤素灯、LED 都是，荧光灯不是，它不能制造波光粼粼的光影出来。有了点光源，只要让它在距离水面 20 厘米以上的位置照射，在用水泵或过滤器的出水口吹动水面，波光粼粼的视觉感受就出来了。

光）。我们知道色温越高时光的颜色越偏蓝，故此生产商开发出了 8000 开尔文、10000 开尔文、12000 开尔文、14000 开尔文、20000 开尔文、24000 开尔文的卤素灯。最早做这项工作的只有英国水族光源生产商“阿卡迪亚”，当时这类灯十分昂贵。到了 1998 年世界上已经有十几家这样的生产商，2003 年以后国内的一些灯具厂商开始研发高色温卤素灯，到目前这种灯具在任何国家的水族爱好者眼里都不再是奢侈品。

金属卤素灯在产生强大光照的同时也释放大量的热能，这样会使水族箱内水温不断升高，影响到饲养生物的正常生长。荧光灯产生的热量虽然不及卤素灯的十分之一，但在炎热的夏季，由灯具散发出的热量会将水族箱内的水温提升 5℃，对生物都可能造成灭顶之灾。故此，人们需要一种既能提供充足光照又不散发任何热量的照明设备。

21 世纪冷光源领域得到了突飞猛进的发展，发光二极管（LED）被不断地提升性能。特别是在日本、德国等工业发达国家，一些高端的 LED 产品已经可以使用在户外灯箱和汽车远光灯上。近两年来，一些水族设备生产商开始将高性能的 LED 运用到水族照明上，该创新真正达到了充足照明和极低的散热。但由于此类产品还处于发展初期，核心技术还只掌握在少数研发者手里，故其售价还十分昂贵，属于水族奢侈品。但我们相信，随着水族行业的不断发展，水族照明设备将不断进步，更多的新技术将被推广，高效、节能的照明设备将层出不穷。

科技使人进步：

LED 光源超强的可控制性，让水族灯具突飞猛进地发展。一些发达国家的水族灯具厂已经开发出了用电脑和互联网控制的光照控制系统。水族灯通过无线网络与电脑相连，电脑通过互联网得到当天的天气情况，然后通过软件处理传送给灯具。灯具就可以自己调整光照，模仿一天中的晴朗、多云、阴雨、月光等光照环境，甚至能模仿一片云飘过上空的场景。这套系统还可以和造浪水泵相链接，当模拟阴雨时的光线时，造浪水泵自动加大马力，制造出飓风席卷海面的感觉。而当模拟晴朗的光线时，造浪水泵自动减小输出，制造出风平浪静的场景。

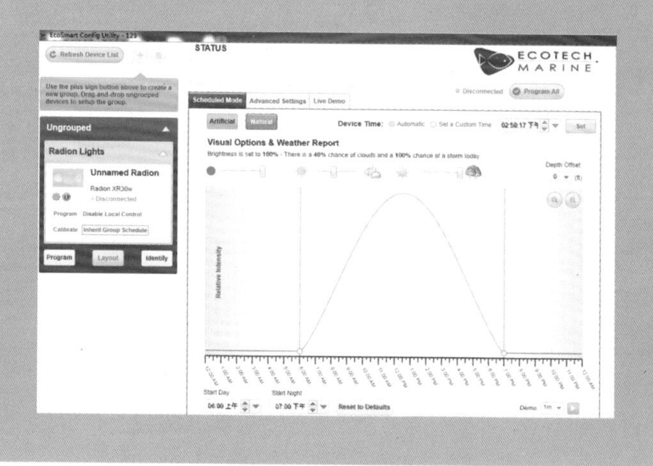

## 水族箱光学知识

在水族箱照明方面所用到的光学概念有：光通量、色温和显色性。另外，考虑到人工照明光源发出的光是否能接近自然光照，还要对其光谱情况进行考量。了解好光的知识，是饲养好水族箱内生物，特别是水草和海洋无脊椎动物的重要条件。

光通量

光通量（luminous flux）指人眼所能感觉到的光的辐射功率，它等于单位时间内某一波段的辐射能量和该波段的相对视见率的乘积。通常我们所说的发光强度就是光源在单位立体角内光通量的多少。

光通量的单位为“流明”。光通量通常用 Φ 来表示，在理论上其单位相当于电学单位瓦特，因视觉对此尚与光色有关，所以依标准光源及正常视力度量单位采用“流明”，符号：lm 。

饲养不同生物所需要的光通量也不相同，一般热带鱼、海水观赏鱼几乎不存在必须需要的光通量，你只要在欣赏它们的时候开一下灯就可以了，光源强度根据你对亮度的喜好决定就可以。

水草需要光来帮助它们进行光合作用，不同品种的水草对光的需求不一样。阳性草（喜欢强光的草）需要至少 2000 流明以上的光通量。阴性水草则只需要 800 ~ 1000 流明的光通量，光太强了反而生长不好。

珊瑚需要的光通量都很强，一般硬骨珊瑚（石珊瑚）需要的光通量都在 2500 流明以上。软珊瑚略微少一些，大概为 1500 ~ 2000 流明。

海葵需要 1000 流明以上的光通量，海藻能适应的光通量很广，为 800 ~ 4000 流明之间。

自备灯具：通常标准水族箱生产厂商不会为你配备适合植物生长的光源，标准水族箱上的灯就是用来欣赏鱼的，如果你想饲养水草和珊瑚，就要自己配置灯具。

光源的不同色温：从左依次是：6400开尔文、8000开尔文、12000开尔文的色温



色温

色温 [colo(u)r temperature] 是表示光源光色的尺度，单位为开尔文，简称：开，符号：K。光源的色温是通过对比它的色彩和理论的热黑体辐射体来确定的。在黑体辐射中，随着温度不同，光的颜色各不相同，黑体呈现由红—橙红—黄—黄白—白—蓝白的渐变过程。某个光源所发射的光的颜色，看起来与黑体在某一个温度下所发射的光颜色相同时，黑体的这个温度称为该光源的色温。

太阳光的平均色温是5600开尔文，早晚偏低（3000～4500开尔文）、中午偏高（6400～8000开尔文）。在最晴朗的日子里，正午的阳光色温可以达到17 000开尔文。人工光源根据用途不同，也各有不同的色温指数。

光源的色温直接影响到水族箱内生物的生长和水族箱的美观情况。特别是生活在水深超过6米的珊瑚品种，需要高色温的光源来稳定其体内虫黄藻的颜色。绿色水草需要不超过7000开尔文色温的光源来维持叶绿色的活跃。

不同色温的光源照射在水族箱里给人带来不同的视觉感受。小于3300开尔文的光线（带红的白色），给人温暖的感觉，不适合太强，如果在光通量很大的情况下，色温很低，会让人感到燥热。4500～5000开尔文的光线，看上去略微发黄，给人稳重、温暖的感觉，适合用来种植水草，但光通量太强，也会让人感到燥热。6400开尔文色温的是白光，适合饲养、欣赏大多数生物，同类光源在色温6400开尔文的时候显色性最好。7000～10 000开尔文色温的光线呈现淡蓝色，有蓝天白云的

不同光谱下水族箱内景色呈现完全不同的颜色

感觉，适合饲养珊瑚和需要强光的水草。12000 开尔文以上的光线呈现不同深度的蓝色，是专门用来饲养石珊瑚的。通过这样高的色温，人们能欣赏到珊瑚体内荧光细胞的绚丽颜色。

### 显色性

光源对物体颜色呈现的程度称为显色性，通常用显色指数（Ra）来表示。显色性也就是颜色的逼真程度，显色性高的光源对颜色的再现较好，我们所看到的颜色也就较接近自然原色，显色性低的光源对颜色的再现较差，我们所看到的颜色偏差也较大。

显色性和光源发光的光谱有关系，太阳光的光谱最全，其 Ra 值为 100，全光谱荧光灯的 Ra 值与阳光最接近，能达到 94 以上，三基色荧光灯的 Ra 值可以达到 85 左右。普通民用荧光灯显色性在 75 左右。金属卤化物灯显色性很低，只能达到 60 左右。单白色（6400 开尔文）LED 光源显色性更低，只有 40 ~ 60，照出的生物惨白无色。因此，人们在使用金属卤化物灯时都要配合几只荧光灯来提高显色性。在使用 LED 光源的时候会配合使用多种颜色的芯片来提高显色性。有色光源，包括红色、蓝色光源照射物体时，物体会呈现出光源的颜色，所以谈不到显色性。

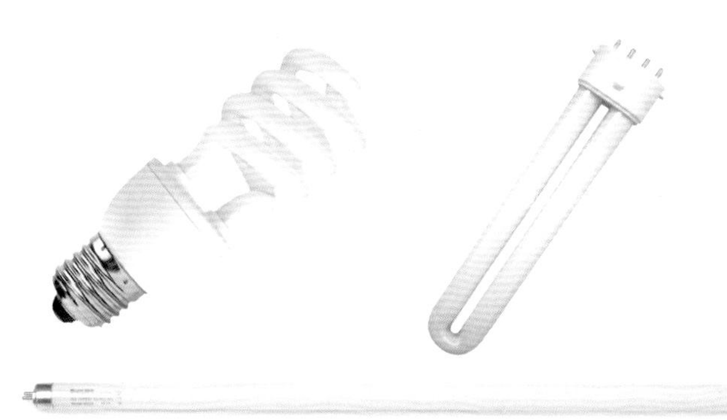

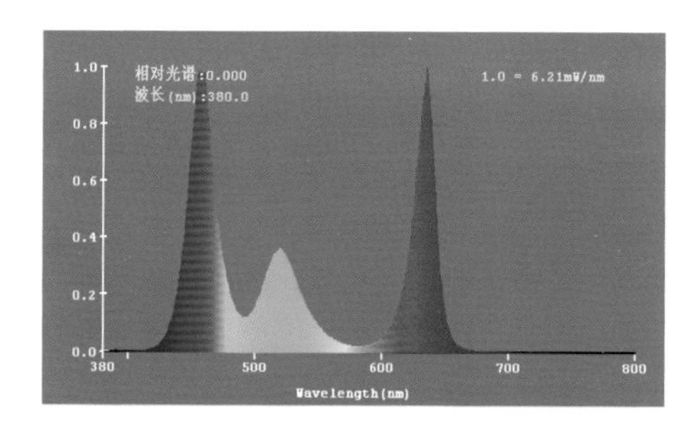


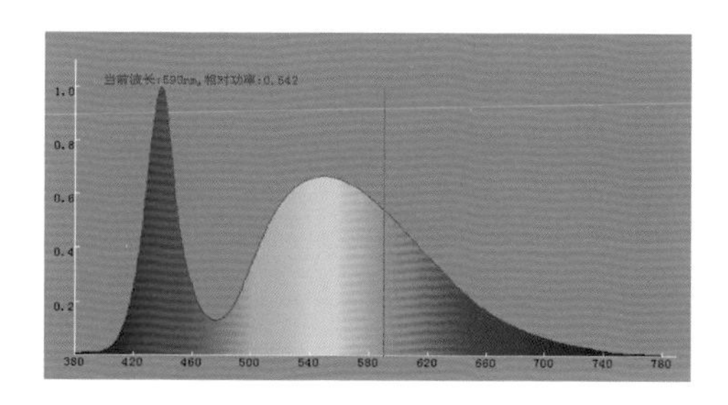


两款不同光谱荧光灯管的对比。上图为三基色灯管，下图为全光谱灯管。全光谱灯管由于峰值在590纳米，因此光色偏蓝应用于饲养珊瑚。

## 光源的选择

了解了光学知识，我们就可以选择自己需要的水族箱光源了。

### 荧光灯

荧光灯是最常用的水族箱光源，历史悠久，品种繁多。通常按灯管的直径分为T8、T5、T4等型号；按灯管制作工艺又可以分为普通型和紧凑型（节能灯）；按输出功率分，分为高输出灯管（HO）和普通灯管。荧光灯的色温一般为5300～6400开尔文，亦有红色、粉色、绿色、蓝色等彩色灯管。因此荧光灯目前是显色性最好的光源。大型水族箱可以选择使用普通型灯管，小型水族箱选择使用紧凑型灯管。为了提供更高的光照强度，现在饲养水草的水族箱多使用 T5HO 的荧光灯管。

荧光灯的发光效率通常在 40 流明／瓦，可以按这个基础累加选择生物所需要使用多少根灯管。

比如：饲养需要光通量 1200 流明的水草则：

$1200 \div 40 = 30$（瓦）

即应选用 30 瓦的灯管。

考虑到光照在照射面积过大时的衰减，通常额定照射光通量只能提供 100 升水的照射需求。

比如：用容积 400 升的水族箱饲养光通量需求 1200 流明的水草时，选择荧光灯功率应为：

$1200 \div 40 \times 4 = 120$（瓦）

荧光灯为散射光源，穿透性比较差，水深超过 50 厘米时，下层的

在不同显色性的光源照射下，同一株水草展现出不同的面貌。
左为全光谱荧光灯照射下的红蝴蝶草，右为金属卤素灯照射下的红蝴蝶草

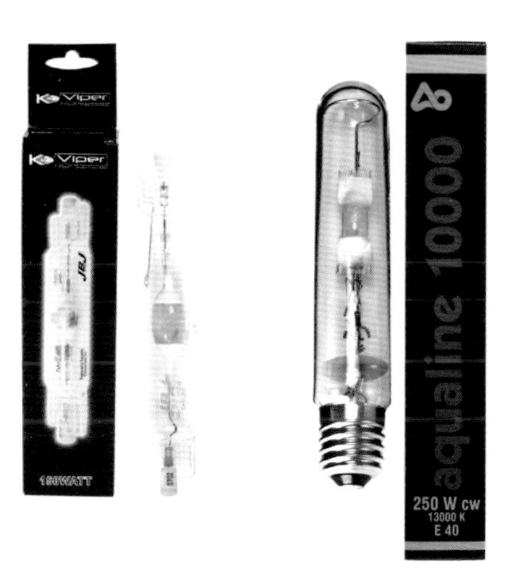


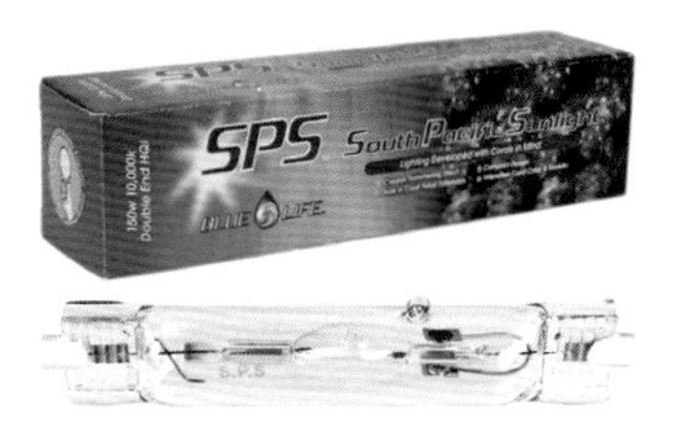


各种金属卤素灯胆

光照就不能达到额定标准了。

金属卤化物灯

金属卤化物灯通常使用在大型水族箱和海水水族箱中，是一种高强度的点光源。功率分为 70 瓦、150 瓦、250 瓦、400 瓦等，水族专用的灯胆色温从 2400 ～ 6400 开尔文的都有，用来饲养水草和珊瑚。这种光源发光效率很大，可以达到 75 ～ 80 流明 / 瓦，而且由于光的强度大，其综合效率可以是荧光灯的 2 ～ 3 倍。一般需要使用 300 瓦荧光灯照明的水族箱使用 150 瓦的金属卤素灯就能达到额定的光照要求。

金属卤化物灯最严重的问题是超高的散热，夏天会使水温提高得很

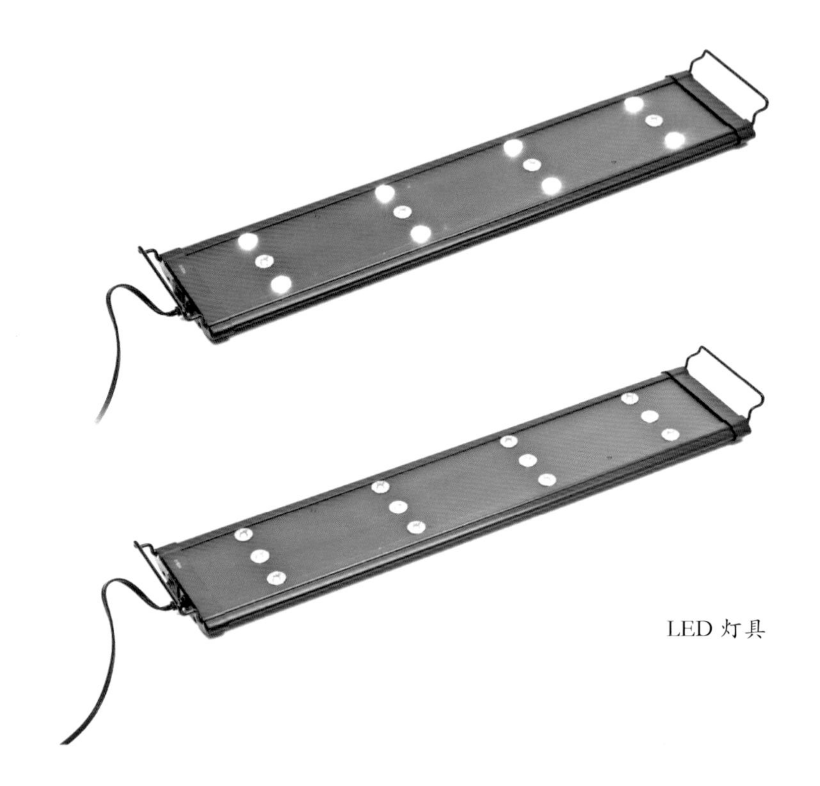

LED 灯具

快。必须安装在距离水面 30 厘米以上的地方使用。

LED 照明

LED 照明是近两年才发展使用到水族箱照明上的，它具有省电、低散热等特性，而且可以通过电子模式变频调节光通量和色温。目前一些智能型可调光照明设备都使用 LED 照明。

LED 照明分普通输出和高输出芯片两种，高输出的芯片发光能力几乎可以和金属卤化物灯媲美。由于发光原理与普通热光源不同，目前还没有精确的数据能说明各种 LED 光源的发光效率。所以，配置饲养生物的时候只能凭借经验。

在选购 LED 光源的时候，要考虑到它光谱不全的问题，必须选购带有一定数量彩色芯片与白色芯片配合的光源，否则不能为水草和珊瑚提供合适的光照，生物颜色照出来也非常暗淡。

## 灯具的选购

在选定好合适所饲养生物的光源后，还要注意对灯具的挑选。

有很多成品水族箱配备了自己的灯具，在出厂前，灯具已经被安装到位，这省去了我们很多的麻烦。假如你购买的鱼缸没有预设灯具，或者你要为你的水族箱照明升级，那必须要了解一下水族灯具的选购知识。

安全性是首当其充的问题，水族灯必须能经得起多水环境的考验。通常我们建议使用符合 IP65 标准的产品，这样就不用担心漏电的风险了，何为 IP65？用简单的方法解释，就是在一个开启电源的灯具的任意位置上倒一杯水，如果没有漏电，那么就合格。

在选购灯具的时候还要考虑到家庭环境情况，卤素灯会散发大量的热，它必须放置在开放通风的地方使用，隔断和柜橱里是不能安装的。高输出荧光灯一样会散发大量的热，也不能在封闭环境下使用。

选购灯具的时候还要将其开启，认真听一听镇流器是否有噪音，一些不合格的镇流器不但会让灯频繁闪烁，而且噪音很大。对于低压的 LED 灯来说，要检查变压器是否合格，在工作过程中，变压器内部的许多电阻会让其发热，如果购买了不合格的产品，它很可能不能承受长久开启的考验。荧光灯和卤素灯的镇流器一样会发热，在购买前要仔细检

小型海水水族箱多采用
LED 照明

查，是否在短时间的工作中已经过热。

## 灯具的保养

灯具的保养要比水泵和鱼缸容易得多，只需要定期擦拭，防止电路进水就可以了。金属卤素灯每次关闭后，必须等其完全冷却才能再次开启，有时你发现灯怎么突然开不亮了，可能就是这个原因。荧光灯使用时要保证电流、电压的稳定，浮动的电压会烧毁灯管。不要让水迸溅到正在工作的灯管、灯胆、灯泡上，尤其是卤素灯，其工作时表面温度可达数百摄氏度，迸溅上水会造成炸裂。在安装更换灯胆时应当佩戴手套，手上的油脂黏附在卤素灯胆上也可能会造成破裂。

如果你想饲养一缸美丽的水草或珊瑚，灯管就成了耗材，因为再好的光源也会随着使用时间的增加而性能衰减，根据不同需求，我们应当

为了保证水草鲜艳的颜色，我们必须定期更换衰减的光源

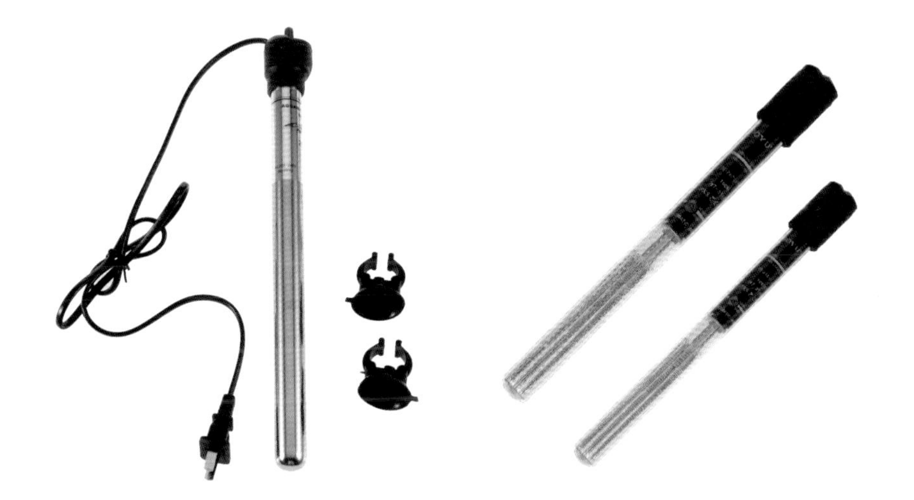

## 加热棒

并不是所有饲养观赏鱼的人都用得上加热棒，只有饲养热带鱼才使用这个设备。虽然目前的观赏鱼分为金鱼、锦鲤、冷水观赏鱼和热带观赏鱼，但饲养前三者的人数总和也没有饲养热带鱼的人数多，所以加热棒是水族箱器材中非常重要的一分子。

加热棒是在一个密封的管子中安装电阻丝，通电后通过电阻丝产生热量。通常有 25 瓦、50 瓦、100 瓦、150 瓦、200 瓦、300 瓦、500 瓦、1000 瓦等多种型号。一般小型水族箱配置小功率加热棒，大型水族箱配置大功率加热棒。按照每升水 1 瓦的功率配置，比如容积为 100 升的水族箱需要配置 100 瓦的加热棒，500 升的水族箱则需要配置 500 瓦的加热棒。在使用大功率加热棒的时候，最好同时配置两根。因为现在加热棒都具备自动控温装置，加热到所需温度的时候，会自动断电，不会因为使用两根，功率大而更费电。但却很安全，一旦其中一根出现了故障，另一根能马上力挽狂澜，防止出现温度骤降的事故。

加热棒的外壳材质有玻璃和不锈钢两种，淡水水族箱可以任意选择一种，海水水族箱则只能使用玻璃外壳的，因为海水会腐蚀金属并与其发生反应。

## 加热棒的选购

在选购加热棒的时候要注意如下几点：

加热棒密封是否紧密。这个设备是完全浸泡在水中使用的，虽然以前曾有不能完全浸泡在水中的加热棒，但随着科技的发展，这种产品已经被淘汰。潜水形加热棒如果密封不严是非常危险的，它不但会漏电，而且会炸开。因此，选购时不要贪图小便宜，毕竟，即便是国际名牌的加热棒也不是贵得离谱。

温度控制是否准确。如果你不想把你的鱼煮成汤，检查这个项目是非常重要的。一般的加热棒在温控方面可能都会有 0.1 ～ 1℃的温差，这无关紧要，但，如果它加热起来不停就麻烦了。切记，加热棒在使用前，请先放置在一个小水盆中试验，看加热到指定温度是否停止工作，如果正常，再放入水族箱中。

电线的长度。大多数加热棒都有一个严重的缺陷，就是电源线太短。要知道这个设备是完全浸泡在水中工作的，从实际情况看，它比水泵、灯具都需要更长的电线。而且，因为是浸泡工作，它的电线还不能被截断后再接长，那样会漏电。所以，原配的长电源线对于加热棒格外重要，你决不希望在水族箱旁边终日悬挂一个接线板吧。

## 加热棒的保养

定期清洗。和水泵一样，藻类和杂质也会在加热棒上生长沉积，定期清洗擦拭，可以延长其使用寿命。要注意：清洗加热棒时，一定要先关闭电源，等其完全冷却后才能拿出水，即使注明有防爆性能的加热棒也不要在它还很热的时候拿出水，那不仅会烫了你的手，还可能让玻璃爆裂。

加热棒必须固定在水族箱的某个地方，不可以悬垂在里面。因为不少加热棒内部的石英和金属丝都比较少，玻璃管相对很空，总体比重小于水。当悬垂在水中时，会漂浮起来，漂出水面后造成爆裂。加热棒和水泵一样，其密封环和电线都会受到水的侵蚀，所以寿命有限，通常 3 ～ 5 年更换一个就非常合理。

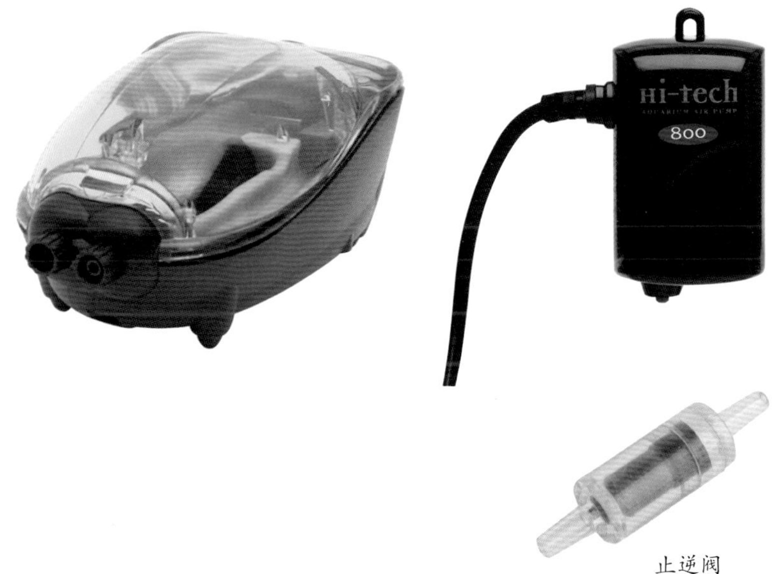


止逆阀

# 气泵

水族箱用的气泵是一个小型的空气压缩机，通电后通过导气管和沙头向水族箱中输送空气，从而增加水中的溶解氧。一般在没有过滤器的水族箱或者安装气动过滤装置的水族箱使用。因为水泵和过滤器也能带动水流起到增加水中溶解氧的作用，而且噪音比气泵小，所以，现在除去繁殖观赏鱼还使用气泵外，一般家庭水族箱很少配置气泵了。

气泵最好安装在高于水族箱水面的地方，以悬挂在不接触共鸣物体的地方为好。气泵在工作时，自身不停轻微震动，如果接触到能撞击出声音的物质，会产生更大的噪音。若将水泵安装在低于水族箱水面的高度，就必须要在输气管上安装止逆阀，因为，当水泵突然停止的时候，水族箱中的水会突然失去压力而反压进入输气管，然后靠虹吸的力量不停输出，造成漏水。

家用气泵一般功率在 1 ～ 10 瓦，它的使用功率根据水族箱水深决定。一般 3 瓦功率的气泵就能满足所有水面高度低于 60 厘米的水族箱使用。如果水族箱水面过高，就要配置大功率的气泵。

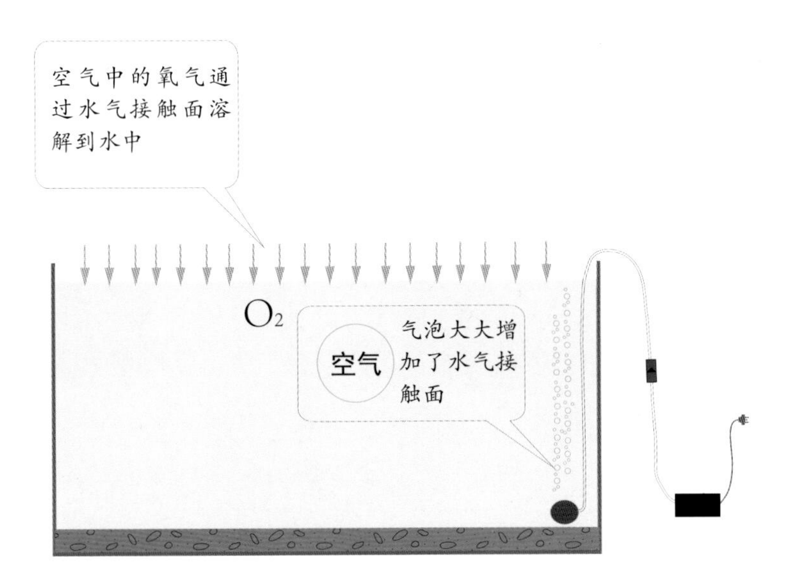


## 风扇和冷水机

在炎热的夏季，当水族箱水温超过30℃的时候，就要考虑给水族箱降温。早期人们用向水族箱中投放冰块的方式给水族箱降温，又费力又不稳定。之后，不少人使用风扇吹动水族箱水面，利用水蒸发带走热量来降低水温。这种方式只适合没有盖子的水族箱，而且降温幅度有限，并且因为水的蒸发量很大，要经常补水。

冷水机

小型家用水族箱制冷机（冷水机）的发明是一个突破，这种机器工作的原理和空调、冰箱很类似，都是利用冷媒产生热交换制冷。冷水机一般使用在饲养珊瑚的海水水族箱上，因为珊瑚在水温高于30℃的时候就会大量死亡。观赏鱼和水草水族箱一般不使用冷水机，大多数观赏鱼都能忍受32℃以下的温度，水草在30℃以上会进入休眠状态但不会死掉。一般家庭室内温度不会超过32℃，而水温会比室温低1～2℃，除非你饲养的是必须需要冷水环境的鱼，比如北方溪流中的鱼类，否则没有必要安装冷水机。

为水族箱降温的专用风扇

水族箱冷水机会向室内散热，如同空调的室外机、冰箱背后的压缩机一样，而且功率很大，比较费电。所以，如果不是特别需要，最好不要配置。压缩机型冷水机要3年左右加一次氟，半导体型不用，但其制冷能力有限，只能用在小于100升的水族箱中。

观赏鱼适应的水温范围分为三类：

一类是超广温适应鱼类，就是金鱼，可以承受0～35℃的水温。

第二类是热带鱼，包括淡水热带鱼和海水热带鱼，它们能承受20～35℃的水温。

第三类是狭温生物，包括冷水观赏鱼和珊瑚，前者只能承受8～22℃的水温，后者只能承受22～28℃的水温。

总体来说，饲养热带鱼要比饲养冷水鱼更容易，因为冬天给水加温要比夏天给水降温省事、省电、省钱。

# 二氧化碳设备

二氧化碳设备是饲养水草的专用设备，因为水草在生长时，需要吸收二氧化碳，呼出氧气。有的时候为了给水中提供碳酸（比如：海水钙反应器中酸性海水，繁殖七彩神仙鱼时酸性淡水的获得）也需要二氧化碳设备。这里以饲养水草使用二氧化碳设备为范例进行说明。

二氧化碳钢瓶

一套二氧化碳设备，包括二氧化碳钢瓶、微调阀、电磁阀、定时器、计泡器、输气管和细化器几部分。

二氧化碳钢瓶是存放液态二氧化碳的容器，一般大小不一，存放量从0.5～10升不等。有钢制和铝制的两种。钢制瓶一般可以重复使用，当瓶内二氧化碳用完后，可以拿到出售处去换气。铝瓶多为一次性用品，气用完后就不能再重复充气了。

购买钢瓶一定要选有质量保证的正规厂家，自行改制的钢瓶，有爆炸的危险。

二氧化碳细化器

微调阀是连接在二氧化碳瓶上的阀门，可以根据用量的需要调节大小。

电磁阀是安装在微调阀上的电子阀门，当送气量调整好后，为了避免每天调整微调阀带来的麻烦，通常连接一个电磁阀，当夜间不使用的时候，可以通过断电的方式关闭二氧化碳输

向水族箱中输入二氧化碳，会让水草生长速度加快，并且展现出更绚丽的颜色。在二氧化碳输入量充足的情况下，水草叶片上会冒出大量的氧气泡。通常这是一个衡量标准，当水草大量冒泡的时候，说明二氧化碳输入已经充足，可以暂时关闭电磁阀了。

出。另外，微调阀有时和 pH 值监控设备连接，当监控设备测试到水的碱度过低时，电磁阀自动关闭，当碱度提升后，电磁阀重新开启，为水中输送二氧化碳。

定时器是连接在电磁阀上的定时开关，使用者可根据自己的需要设定每天二氧化碳阀门开启和关闭的时间，通过定时器控制电磁阀。

计泡器是用来计算二氧化碳输入量的仪器，里面注水，当二氧化碳经过水的时候会冒泡，使用者通过调整微调阀来控制每秒进入计泡器的气泡数，从而达到控制的目的。通常水草水族箱在旺盛生长期的二氧化碳输入量是 3 泡 / 秒，稳定期为 1 泡 / 秒或 1 泡 /2 秒。

输气管是用来将二氧化碳输送到水族箱中的器具。

细化器是将进入水族箱的二氧化碳气体尽量分散成微小的气泡，有利于二氧化碳更快更充分地溶解于水，避免浪费。

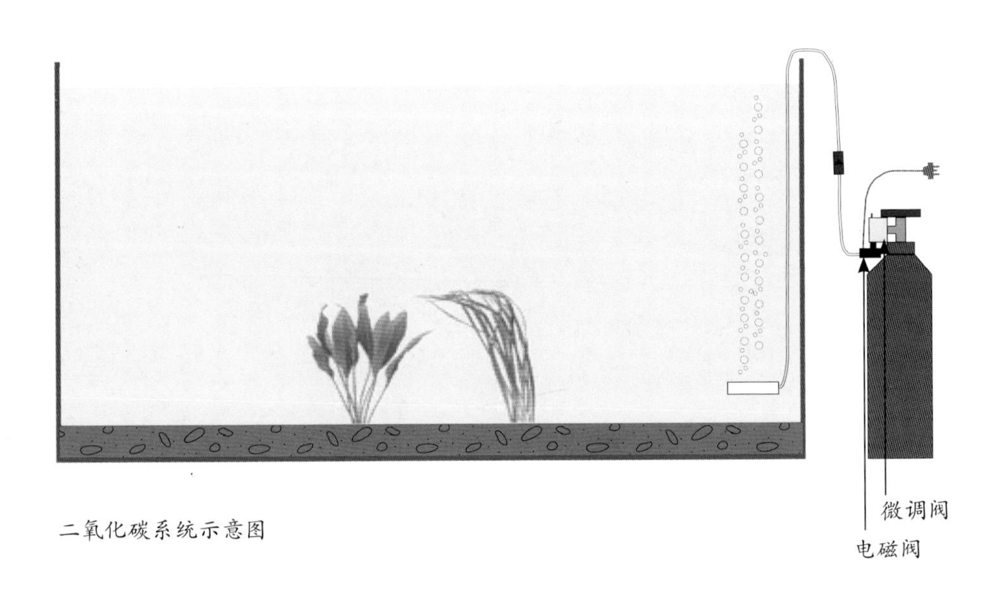


二氧化碳系统示意图

成套的海水维生系统设备

# 海水水族箱专用设备

因为海水水族箱的维护要比淡水水族箱复杂得多，因此，人们为它研发出了一些专用的设备，其中包括：蛋白质分离器、钙反应器、硝酸盐去除器、造浪水泵等。还有一些特殊发烧友自行研究的设备，比如：补液器、沸石桶、藻过滤等，因为这些设备并不适合普通家庭水族箱，所以，本书将不做介绍。

## 蛋白质分离器

蛋白质分离器（Portein skimmer）又称：蛋分、化蛋、蛋白质除沫器、蛋白质分馏器或泡沫分馏器，是20世纪海水水族用品中最重要的发明，这一发明是来自于1963年德国佐林根的一个爱好者的观察结果。他发现在底滤上水管中，有褐色的泡沫聚集，因此他开发了一个装置，可以把这些聚集的泡沫收集到一个容器里，他将这一发现的过程呈送给了研究动物行为学的Max Planck学会。Norbert Tunze 和 Erwin Sander 同时开始了对这一装置的进一步研究和发展工作，此后不久分别在市场上出现了成品的蛋白质分离器。

蛋白质分离器实际上利用了液体表面张力的特性，有一些小气泡将水中的微小颗粒物带走。如果这些颗粒不被带走，它们多数要转化成氨，

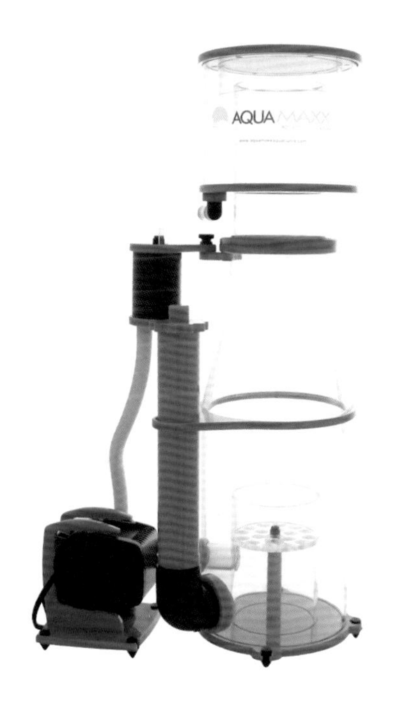


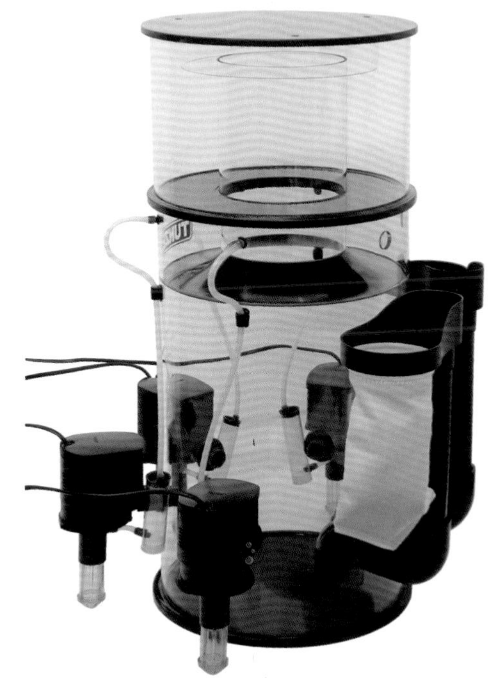

各种蛋白质分离器

增加生物过滤区的负担。以前，蛋白质分离器并不被大多数饲养者使用，因为它们的技术还不过关，不能带走太多的杂质，有的时候甚至是摆设。

随着水族技术的不断进步，近几年人们开始使用新蛋白质分离器，并将其定义为海水水族过滤系统中不可缺少的一部分。如果你能够为水族箱配备一个优质的蛋白质分离器，它将为你后期的饲养提供很大的帮助。

蛋白质分离器分为气动和水泵带动两类。

气动式蛋白质分离器是利用气泵将气输送到反应体里，通过气体带动水流，使水和气在反应体内相互运动而将杂质带走。一般我们只将这种蛋白质分离器使用在小型的水族箱中，它们本身也没有很大的型号。

水泵带动的蛋白质分离器以前多采用文氏管进气方式，后来因为这种方式会产生大量的噪音，因而现在多采用前置进气的针叶水泵输送方式。

针叶泵蛋白质分离器的文氏管安装在水泵的吸水口，这与普通文氏管蛋白质分离器完全不同，它通过水泵将水和空气一起抽入，并通过针刷一样的涡轮将气泡打得很细小。这个发明使蛋白质分离器的工作效率大幅提升。

根据密闭形式的不同，针叶泵蛋白质分离器分为外置和内置的两种，内置的蛋白质分离器必须安装在水中，水位的高度会影响其工作效率。外置类型则可以放置在任何地方，用水管与过滤缸连通。它不会受到水位高低的影响。

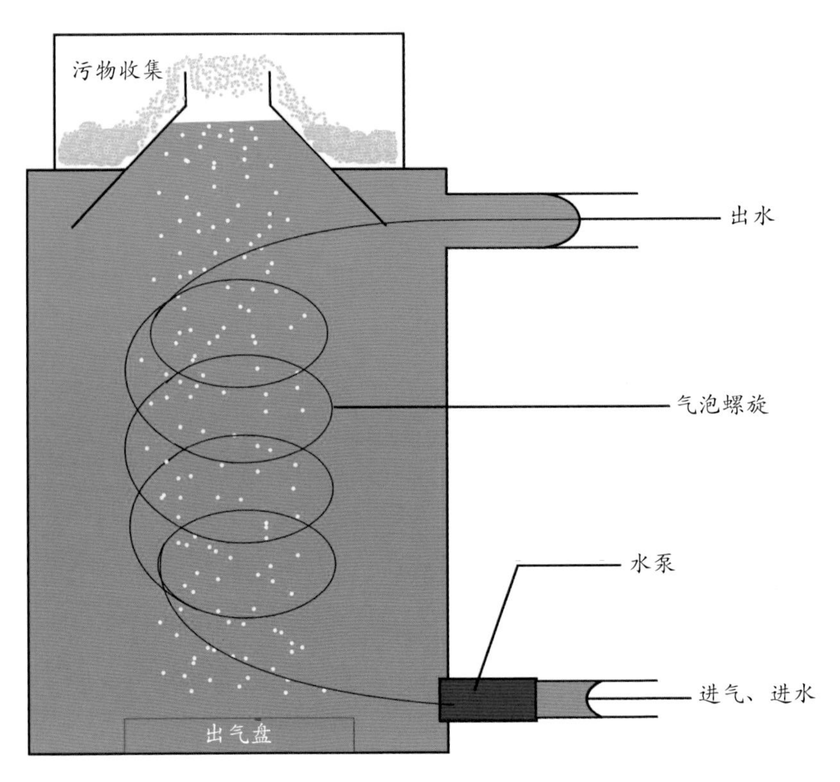


蛋白质分离器工作示意图

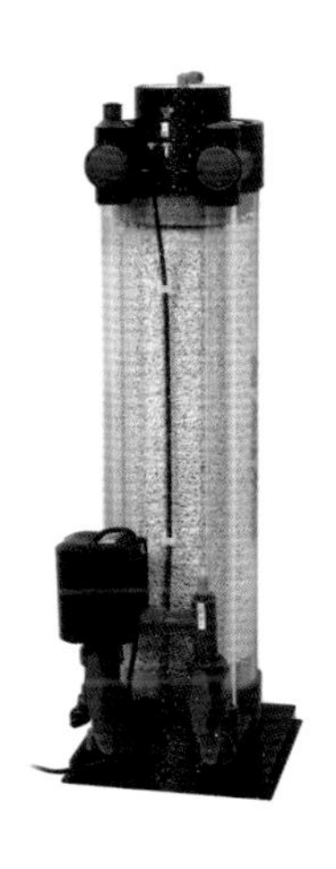

钙反应器

优良的蛋白质分离器，不取决于它是什么形式的，而取决于它的进气量和气泡的细小程度。设计合理的产品不但效果好，而且节能。蛋白质分离器可以将大量氧气注入水中，这些氧气可以促进细菌分解残渣。但是，这项作用也会除去水族箱中的二氧化碳，也会因为碳酸盐硬度下降，并使得 pH 值升高。由于不同气体，也就是二氧化碳和氧气的密集交换，使得反应接触点部分的氧气含量极高，因而导致铁、钼和锰之类的主要微量元素在水面之外被氧化掉。因此，在使用高效蛋白质分离器时，要注意规律换水来补充失去的矿物质。

## 钙反应器

在水族箱中饲养珊瑚的过程中，水质中钙离子的含量尤为重要。随着大多数无脊椎生物的生长发育对钙质的吸收，水质中的钙离子因此而慢慢缺乏，造成水质的硬度下降以及 pH 值不稳定，也间接影响了无脊椎生物以后的成长。因此，我们需要随时补充水质中的钙离子的含量。直接使用钙反应器无疑是一种很有效的方法。

在水族市场出售的大多数品牌的钙反应器顶端都有一个供水族箱中海水接入的进水口，但水流量很小，并且以流量控制阀门精确控制，

连接二氧化碳的钙反应器

水流量一般不会超过 2 ～ 4 升 / 小时。钙反应器内部则放置有大量的 $CaCO_3$。$CaCO_3$ 在 pH 值大于 7.0 的时候并不能直接溶解于水中，只有在水质呈酸性的时候才能够溶解，因此在钙反应器内部的顶端有一个水泵可以将注入内部的二氧化碳气体充分与水混合，并输送到钙反应器的底部。二氧化碳溶解于水中转换为碳酸。使水质 pH 值下降呈微酸性。反应方程式为：$CO_2+H_2O \rightarrow H_2CO_3$（碳酸）。注入钙反应器内部的二氧化碳气体的输入量是根据需要严格控制的，二氧化碳气体的输入会导致钙反应器中海水的 pH 值下降到 6.0 ～ 6.5 左右，过量地输入二氧化碳将直接导致水族箱中水质 pH 值下降低至 8.0，并且也要考虑水族箱容量的大小以及饲养生物的种类、数量和对钙的需求量。水泵将与二氧化碳充分混合后水质 pH 值下降的海水输送到钙反应器的底部，进入放置有 $CaCO_3$ 的层面，此时 $H_2CO_3$ 与 $CaCO_3$ 产生作用反应形成 $Ca(HCO_3)_2$（重碳酸钙），反应方程式为：$CaCO_3+H_2O+CO_2 \rightarrow Ca(HCO_3)_2$。经此，含有大量重碳酸钙的水经过钙反应器的出水口排入水族箱中与水族箱中的海水混合，使得水质中的重碳酸钙含量上升。由于重碳酸钙是易溶解于水的，于是可以被海洋生物充分吸收，并再次转换为 $CaCO_3$ 形成其骨骼体的重要组成部分，而被分解的二氧化碳又被海藻体吸收并进行光合作用。

## 硝酸盐去除器

硝酸盐去除器是利用嗞氧细菌去除水族箱中硝酸盐（$NO_3$）的一种过滤设备。工作原理是利用嗞氧细菌群落将硝酸盐作为它代谢中的需氧物质，$NO_3$ 最终代谢成为 $N_2$ 和 $CO_2$。氧被运用于代谢过程中。$N_2$ 则被排入大气中，代谢的生成物为 $CO_2$。

在硝酸盐去除器内部填充着大量生物过滤球，为了避免底部积水造成滞留区，由水泵将水不断从容器底部抽到顶端，然后又喷淋于生物过滤球的表面，如此再流回底部，始终保持生物过滤球的湿润状态。生物过滤球表面附着生长的水质处理细菌会不断吸收容器内部的氧气分裂繁殖，一旦容器中的氧气耗尽，它们就夺走 $NO_3$ 中的氧，并将 $NO_3$ 还原成为 $NO_2$，再将 $NO_2$ 中的氧全部吸收，还原为 $N_2$ 排入大气中。硝酸盐去除器主要被使用在饲养珊瑚的水族箱中，其他水族箱几乎用不到。

磁吸式造浪水泵

## 造浪水泵

造浪水泵是一种可以变频的中等功率水泵，一般用于给饲养珊瑚的水族箱制造海浪，并且通过大幅度的水流将水中的一些细小残渣冲洗起来，放置水族箱内过滤不到的死角。

市场上出售的造浪水泵品种很多，价格从几十元到几千元一台的都有，在挑选的时候要注意，只有能变频的水泵才叫造浪水泵，不能变频的也制作成造浪泵形状的就纯属滥竽充数了。因为如果没有变频控制，就无法制造出忽缓忽急的波浪水流，达不到造浪的目的。假冒的造浪水泵充其量是一个吹水的水泵，和普通水泵没什么区别。

## 紫外线杀菌灯

杀菌灯是利用波长在 250 ~ 270 纳米的紫外线来杀灭水中细菌的灯具。这个波长的紫外线能作用于细胞遗传物质DNA，起到一种光化作用，紫外光子的能量被DNA中的碱基对吸收，引起遗传物质发生变异，使细菌当即死亡或不能繁殖后代，达到杀菌的目的。通常杀菌灯很少用到家庭水族箱中，如果你饲养的是金鱼、大型海水鱼那就配置一个吧，因为这两种鱼最容易感染细菌类疾病。

杀菌灯

# 监测和自动控制

为了更好地掌握水质等数据，方便家庭水族箱的维护，人们研发出了许多小型的监测仪器和自动控制系统。比如：pH值、硬度、导电度、氧化还原电位值等监测仪器，将这些仪器和其所对应的设备相连接就成为了自动控制系统。目前，这类设备的价格还很高，除了少数水族箱“发烧友”已经开始使用外，大多数人还没有涉及这些设备。

水质自动监控系统，主要用于饲养珊瑚和名贵水草的水族箱，普通家里饲养一般性观赏鱼就不用浪费那些钱了。

水质监测仪

## 远程预警与控制系统

比自动控制系统更高级的是远程预警控制系统，是将自动控制系统内的各项数据随时通过无线网络传送到用户的手机上，用户可通过手机对水族箱的一些维护进行操作。比如：漏水、漏电保护，自动喂食、自动补水、自动换水等。当然，这套系统的价格绝不低廉。不过，就如同用手机玩游戏一样，远程控制系统本身给用户带来的快乐有时比水族箱本身还要多。

补水：

每天水族箱内的水都在不停地蒸发，干燥的冬天和春天尤为明显。水被蒸发后我们就需要向水族箱内补水。建议每天定量补水，不要等到看着水族箱内水位急剧下降，或者已经影响到水泵的正常运转时再补水，那样水质波动太大，而且水族箱上会板结大量的水垢。海水水族箱蒸发出的只有水没有盐分，所以只补淡水，千万不可补充海水，否则盐度会一直升高。

# 第四章
## 底床与装饰

养鱼寄语：尽量不要在水族箱中放置塑料玩具和陶瓷工艺品，比如：老翁钓鱼等，也要尽量少放仿真水草。因为这些塑料的工艺品会伤害到鱼的身体，而且很容易藏污纳垢。

一杯清茶，一抹余晖，静看鱼儿戏水，
多么惬意的生活啊！

# 装饰沙

早在 200 多年前，人们就习惯性地在养鱼的水箱里铺设沙子，沙子可以用来种植水草，还可以掩盖鱼的粪便，让水族箱看上去更自然。除此之外，人们发现铺设沙子的水族箱内的水要比不铺设沙子的更澄清，水温也更稳定。这是因为，沙子是很好的细菌培养温床，而沙内的细菌帮助维持了水质。沙子的热传导速度比水慢，因此能帮助水族箱稳定温度。

到了现在，过滤器和加热装置的发展使得很少有人是出于实用目的去铺设沙子了，更多的是为了装饰水族箱的底部，让人感觉那里是河床或者海底。

现在用在水族箱里的沙子已经发展出几十甚至上百个品种，有些是天然开采的，有些是人们用自然石头研磨成的。之所以我们需要那么多品种的沙子，是因为我们追求得到不同水底的感觉。比如：海底、滩涂、积水湖泊、溪流、溶洞，等等。

## 河沙

顾名思义，河沙是从河流中天然开采的沙子。以前是最普通的沙子，颗粒不均匀呈黄褐色，现在由于过于普通，几乎已经退出了水族箱底材的家族。水族市场和水族商店都买不到河沙，如果想得到，可以去花店看看，通常大的花卉器材商店会进一些河沙，那是为了方便种植需要根部透气植物的人购买，他们把河沙和腐质土混合使用。

河沙虽然普通，但铺设在水族箱底部显得格外自然，因为其沙粒大小形状不统一，颜色也有深有浅，制作出的景色很像大自然中的溪流与小河渠底部。而且河沙颗粒表面粗糙，是培养硝化细菌的良好介质。当然，如果你家附近有小山小溪，你可以到那里去找找，自己开采一些用。新采集的河沙要用高锰酸钾消毒后再使用，防止细菌和害虫卵混入水族箱。

## 海沙

海沙就是采集于北方海边的沙子，比河沙颗粒细，也是被使用了很久的水族箱底材。通常，我们可以在建筑工地找到这种沙子，也可以去水族市场购买。水族市场中的海沙比建筑市场的要贵很多，通常经过粗略的清洗，你买回家再清洗的时候，就不会有太多的泥土了。

海沙通常用在饲养非洲慈鲷的水族箱中搭配岩石，制造出大咸水湖底部的景色。因为其内部含有轻微的钙质，一般不用来种植水草。也很少用在海水水族箱里。

## 珊瑚沙（贝壳沙）

珊瑚沙分成两种，一种是从海底天然开采的，一种是用死去的珊瑚礁、牡蛎壳人工研磨的。前者市场上非常少有，有些海水鱼商店会将天然珊瑚沙保持潮湿运到城市里，然后出售。天然沙子中存活着许多小型海洋生物，而且富含硝化细菌等有益菌群。这种被称为“活沙”的商品非常昂贵，只有“发烧友”才会使用。

各种装饰沙，从左到右依次为：矽沙、贝壳沙、染色石子、红石英沙、砾石、河沙

人工制作的珊瑚沙颗粒均匀，通常有 9 个型号，1 号的颗粒最大，大概都是大拇指大小的珊瑚棍。9 号颗粒最小，和土末没什么区别。家庭水族箱中使用的多数是 6 号和 7 号的。由于目前海鲜市场的繁荣，牡蛎养殖业十分发达。多数 7 号珊瑚沙是由遗弃的牡蛎壳研磨而成，因此也称为贝壳沙。这种沙子颗粒十分均匀，白度高，内还掺杂少许红色小颗粒，那是牡蛎壳上苔藓虫和藤壶的遗骸。

珊瑚沙主要是成分是碳酸钙，遇水后使水呈弱碱性。在水草水族箱和喜欢酸性软水的鱼类水族箱中不使用。通常把它铺设在海水水族箱中。由于珊瑚沙是白色的粗糙颗粒，因此一旦附着了藻类就很难清洗干净，它们很快就会变成肮脏的黄黑色。

## 石英沙

石英沙是性质非常稳定的沙子，早期用来栽培水草。有纯白色石英沙，也有黄白相间的。石英沙通常由大块石英人工研磨而成，是制作玻璃的原料之一。由于颜色太浅，铺设在水族箱中很不自然，现在已经很少被使用了。

## 汉白玉颗粒

同石英沙一样，由汉白玉颗粒研磨而成，是制作汉白玉雕塑的副产品。通常用途不大，由于不会向水中释放元素，曾一度被作为水族箱底沙使用。其白度比石英沙和珊瑚沙都高，在蓝色灯光下格外美丽，但要想保持这种雪白的样子，就必须少养鱼，不种水草，尽量不开灯。于是，汉白玉颗粒在水族领域里的发展只是昙花一现。

## 矽沙

矽沙是最早用来专门种植水草的沙子，是含二氧化硅（$SiO_2$）成分高的石英沙总称。矽沙在陆地上以层状或沙丘分布，在河口或海岸以滨沙形式沉积。矽砂不会被水溶解释放任何物质，所以适合栽培水草，也可以与任何鱼搭配。颜色较深的矽沙被称为荷兰矽沙，并不是因为这种沙子只产于荷兰，而是荷兰和丹麦的水草爱好者最早使用了这种沙子而得名。

## 黑金沙

黑金沙是一种产于印度的花岗岩粉末，主要成分为钾长石、石英、斜长石，是制作黑玻璃的原料，从 20 世纪末开始，被用来种植水草。黑金沙在光线的照射下，能反射出晶莹的光辉，不会溶解于水，也不释放任何物质。但因为其光泽特性以及棱角过于尖锐，看上去不是很自然。现在，黑色的天然沙砾和水草泥丸淘汰了这种沙子。

## 特殊产地的天然沙砾

沙子的品种很多，根据所处的地质情况不同，可以呈现出多种颜色和形状，现在水族爱好者正充分利用着世界各地的天然沙子，装点自己的水族箱。2000 年后，潮湖沙、火山岩、仙土、红铁沙等相继进入了水族市场，这些沙子有丰富的颜色供爱好者选择，有些呈弱碱性，有些呈弱酸性，能够配合饲养不同品种的观赏鱼。但是，不论水族用沙砾发展得多么五花八门，人们常用的往往也只有一两种，其他的都是历史过客。

# 水草种植材料

## 沙砾

前面已经说过，这里不再重复，目前还在广泛用来栽培水草的沙子只有矽沙，其余的品种要么不美观，要么太难采集得到。还有一些沙砾，如珊瑚沙、麦饭石、大理石粉末等会向水中释放钙镁离子，呈弱碱性。这种沙子不能用来种植水草。因此，绝大多数种植用沙正逐渐退出历史舞台。

模仿东南亚红色土质的红色泥丸（左）
和模仿亚马孙土质的黑色泥丸

## 泥丸

在沙子即将退出水族的历史舞台的时代，泥丸正在逐步取代它水草栽培介质的地位。这种用泥炭、火山石以及灰土人工合成的种植材质，起初价格很贵，而且性质不稳定。2010 年后，制作水草泥丸的技术日益成熟，很多国家都有专门生产泥丸的工厂。所以，价格逐步下降，质量不断上升，被爱好者广泛接受。

根据生产厂家的不同，泥丸有多种名字，比如：德国希谨和日本

ADA公司的产品称为水草泥，黑色的品种叫亚马孙黑泥，棕红色的叫东南亚泥。日本一番品牌的产品称为：五味土。另外还有中国的尼特力等品牌。

好的泥丸颗粒紧凑，大小和形状不规则，由于加工原料里有大量的泥炭，所以富含水草生长的营养。而且在受到水浸泡的时候微微呈酸性，有助于水草根系的生长。几年前，泥丸生产技术还不成熟的时候，大多数产品在水中浸泡后会释放出黄色的单宁物质，使水变色浑浊，而且浸泡一段时间后会自然分解，成为泥土。目前的生产技术趋于成熟，泥丸不再散落而且也不“黄水”。

以前，泥丸是种植水草的奢侈品，只有种植高档并且根须需要酸性介质的水草时才会使用。现在，泥丸的价格近乎接近比较自然漂亮的沙子，所以，人们大多选用泥丸作为栽培水草的介质。泥丸富含营养，省去了向沙砾中添加肥料的麻烦，而且泥丸比沙砾看上去更像河底的泥土，而不是寸草不生的盐湖底部和沙石滩涂。

## 陶粒

陶粒用陶土烧制而成，起初是用来无土栽培花卉的。后来人们发现它的样子很像泥丸，而且中性，不溶于水，所以用来种植水草，是水草沙过渡到泥丸时期的中间产品，现在已经很少有人使用了。

用泥丸（左）和沙子种植水草的不同效果

# 珊瑚石（活石）

新鲜的珊瑚礁碎块被称为“活石”，它们是在保持湿润的箱子里经过几十个小时的运输到达使用地点的海洋馈赠品，用来为海水水族箱提供过滤盒造景搭建。这种饲养方式是从西方泊来的，在这之前，人们在海水水族箱中制造珊瑚礁景，使用的是开采后干燥的珊瑚岩石，被称为“死石”、“咕咾石”。现在，活石贸易逐渐增多，价格不比死石贵多少，人们已经不再使用死石了。

活石是珊瑚礁的一部分，是由无数活着或死去的生命体组成的生物礁石，它们在礁岩生态缸中的作用是任何高品质人工过滤器材都无法企及的。

很多人了解活石的作用并利用活石，但并不知道石头上的生命究竟是什么，它们各司何职？实际上每一块活石都是一个巨大的生物社区，其上面富含各种生命，包括珊瑚、原生动物、环节动物、软体动物、苔藓动物、棘皮动物等，所以科学地讲，珊瑚礁应该叫生物礁。一块良好的活石就其构造而言一般分为两个部分，即生物和生物遗骸。生物一般生活在石头的表面，当然也有一些镶嵌在礁石内部生长（如：船蛆等贝类）；生物遗骸就是生活在礁石上的生物死去后的骨骼或介壳。这些遗骸可能是现生的也可能是古生的，它们的主要成分是钙质，另外还有几丁质、硅、矽等。这些物质来源于死去的珊瑚骨骼、贝类介壳、有孔虫的壳以及任何生活在海洋里具有硬壳或骨骼的动物。当这些生物死去，它们的遗骸经过大海的搬移堆积在一簇，再由石灰藻和苔藓动物将它们一一黏结在一起。同时珊瑚和其他动物附着在上面或礁石的间隙之间，太阳和海水中的微生物不断提供着它们生长的要素，一块美丽的生物礁就诞生了。

生活在礁石上的生物根据礁石的产地和采集水深不同，其上面的生物种类也不一样。一般来讲，好品质的活石上面应该覆盖有大量的石灰藻（钙藻），甚至是一层层的，这些藻类是礁石形成的重要黏结物之一。但是在较深海域采集的活石就不一定有石灰藻，因为那里光线不足。通常情况下，类珊瑚目（香菇）大肆生长的礁石上石灰藻的数量尤为多，绚丽的石灰藻将整块礁石染成红色或淡紫色，有的时候会层层叠叠起来，如同云片一般地在礁石的一侧形成石灰藻群落，那一定是最接近阳光的方向。

活石表面的生物可以清理水中的残渣，表面空隙里的硝化细菌可以将氨氮转化为硝酸盐，附着的藻类可以吸收营养盐，活石内部的大量嗜氧细菌则让它成为了一个天然的硝酸盐去除器。良好的活石还可以不停地向水中释放生物所需要的微量元素。当前，活石已经是礁岩生态缸过滤系统中非常重要的组成部分。

死石

## 沉木

淡水水族箱造景中，最常用的材料就是沉木。沉木是热带和亚热带木质坚硬的乔木灌木死后的根系和部分树干在泥沙河流中经过长期浸泡腐朽形成的天然工艺品。遇水后能沉入水底，并且向水中微微释放单宁酸，是饲养喜酸性水质鱼类和水草造景的良好材料。

现在水族市场上使用的沉木大概分为三种：马来沉木、酸枝根和杜鹃根，另外一些南方硬杂木的根也可以直接用来当沉木使用。

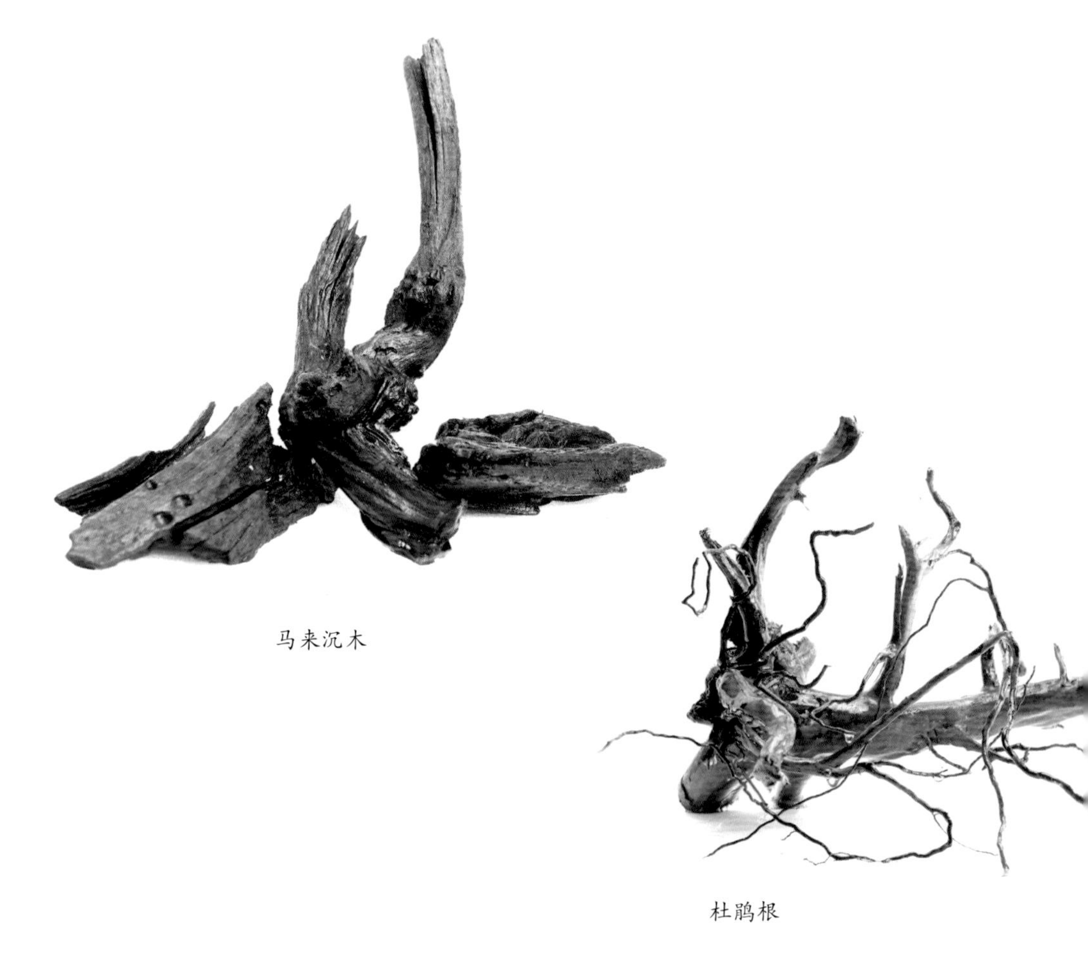

马来沉木

杜鹃根

## 马来沉木

马来沉木是产于马来群岛以及其他热带沼泽地区的热带乔木死后的树干和根系，有些还是在海水中浸泡而成的，是最早被人们使用的沉木，每年产量很大。这种沉木多数呈大块状，使用前要长期浸泡或者水煮去除过多的单宁物质。即使这样，马来沉木长期浸泡在水族箱中时，还是会把水染成浅茶色。由于形状枝桠较少，又爱“黄水”，目前只有饲养南美洲和东南亚的喜酸性水质小鱼时才搭配这种沉木，通常不使用在水草造景和其他水族箱中。

酸枝根

## 酸枝根和硬杂木根

酸枝根和硬杂木根是现在最流行的沉木，呈现出深褐色的外表。他们没有马来沉木那样长时间自然腐朽的历史，是人工采集的热带和亚热带硬木树根手工剥皮而成。这种沉木形状美丽，因为是植物根部，枝桠非常多，非常适合水草造景使用。而且，其内含有的单宁物质并不太多，浸泡在水族箱内“黄水”的程度比马来沉木轻得多。

## 杜鹃根

杜鹃根是几年前从日本流行起来的水草造景沉木，现在已经很少使用了。杜鹃根呈暗黄色，由于植物特性，枝桠复杂多变。在硬杂木根没有被人们发现可以用来制作水草造景前，杜鹃根是很好的材料。但相比硬杂木根，杜鹃根过于复杂凌乱，而且因为木质不够坚密，要经过长期浸泡才能沉入水下。

# 石材

在水族箱中放造景的石头，是人们很早就使用的造景方法。无论是喜欢碱性水质的鱼还是喜欢酸性水质的鱼，都可以搭配岩石造景。常用的水族箱景观石材有青龙石、松皮石、鹅卵石、硅化木四种，一些沙岩、花岗岩和大理石的碎片也经常被采用。

## 青龙石

青龙石是一种硅酸盐矿石，含有一定的碳酸钙成分，是目前水草造景中最常用的石材，呈青灰色。虽然这种石头能向水中释放微弱的钙质，但由于其和谐的颜色，还是备受青睐。青龙石可以被砸成任意的形状和大小，可以在水草水族箱中搭建出小山岗、丘陵，也可以在饲养东非慈鲷的水族箱中制造人造淡水岩礁。

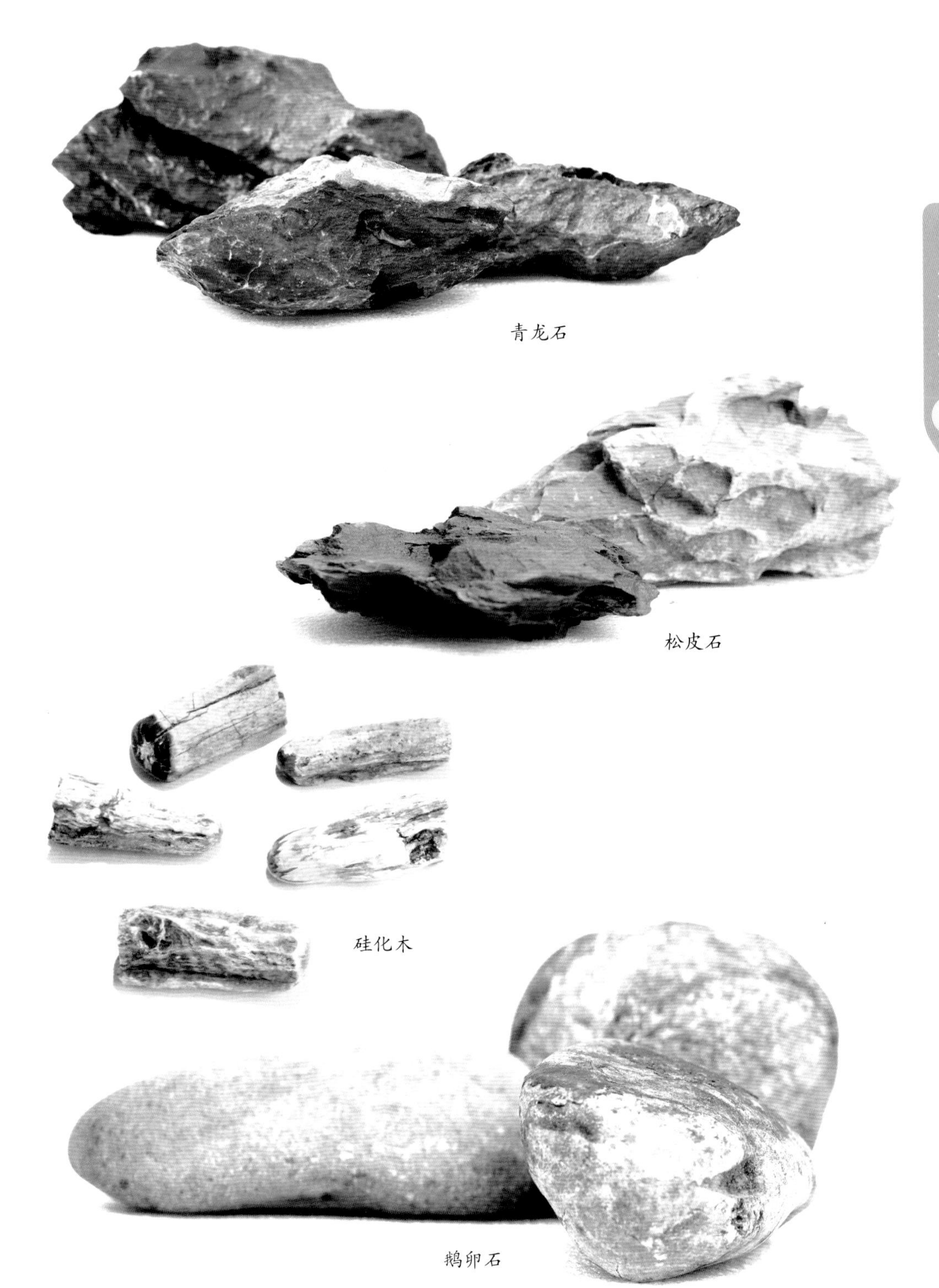

青龙石

松皮石

硅化木

鹅卵石

## 松皮石

松皮石也称龙骨石，产于柳州地区来宾县塘权村的黄牛滩，是一种非常好的观赏石，因其石肤多呈古松鳞片状，故得其名。松皮石常见黑、黄两色，形态多有变异，表面会有很多的小孔，有树桩的苍劲浑雄。使用在水族箱中，一般不会改变水质，呈弱酸性，非常适合水草造景使用。其表面的空隙可以扦插种植水草，使得整个景色浑然一体。

松皮石比较松软，可以轻松地砸成任意大小块状，但运输和开采比较困难，所以价格比较高。

## 鹅卵石

鹅卵石是最常见的石头，将鹅卵石放到水族箱中，早在 200 多年前就很盛行。因为自然的河湖溪流底部经常会有鹅卵石沉积。鹅卵石石质坚硬，不容易改变形状，一般要采集大小不等的一些混合摆放，制造出水下的景色。其表面的空隙也可以扦插种植水草，使得整个景色浑然一体。

## 硅化木

硅化木是远古大树的化石，人们多开采来作为观赏石，摆放在书桌案头。后来被水族箱爱好者发现，用在水草造景中。硅化木在水下的颜色和松皮石等区别不大，但质地坚实，通常在中大型水族箱中使用。硅化木主要成分是硅，不会向水中释放任何物质，可以搭配喜好任何水质的观赏鱼。

上图：泡沫材料背景板

右图：自制泡沫材料背景的粘合

# 背景

很多人愿意为水族箱张贴背景，背景的作用除去能遮掩水族箱后面凌乱的电线和管路，还可以起到美化水族箱内景致的作用。

水族箱背景分为两类，一类是背景纸或背景画，通常由塑料纸制成。有纯色的、也有印刷有水草珊瑚图案的。纯色的比较好，可以突出水族箱内所饲养的生物，花色的经常会喧宾夺主，大概从 2000 年起就很少有人使用了。纯色的背景纸以蓝色和黑色的最受人欢迎，因为它们最容

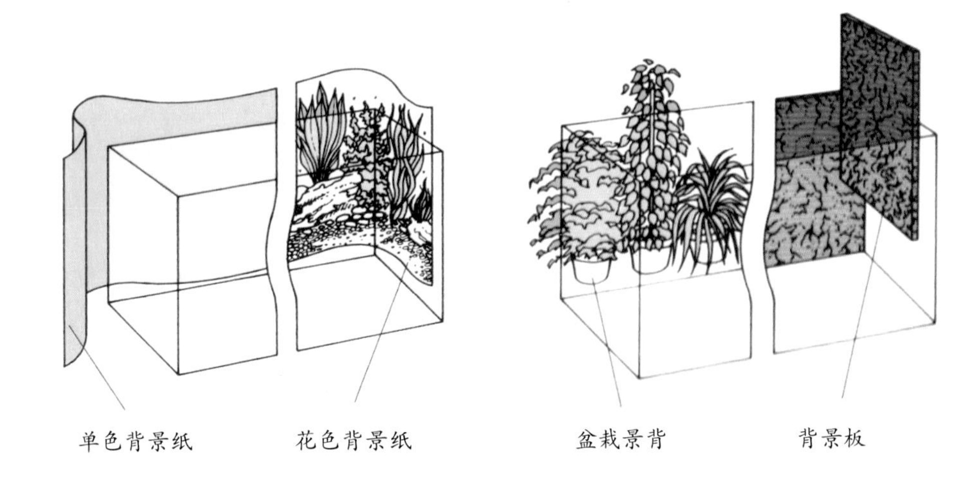


易突出鱼类、水草和珊瑚的美丽。不过深颜色的背景纸会让水族箱看上去显得很狭窄。水族箱不适合长时间使用白色的背景，因为鱼类会根据生存环境自我调节体色，长期在白色背景下生存的鱼类颜色会变得暗淡。

背景板通常由泡沫塑料制成，由于泡沫材料遇热后有很强的可塑性，工厂通过热压，将泡沫制作成山石、河床、树根等形态，然后喷上防水涂料。背景板有纯黑色和花色的样式，可以根据自己的喜好选择。有些人将水草用书钉钉到背景板上，水草就会爬在其上生长，形成一片自然的“绿墙”。

不干胶背景纸在粘合时要先在玻璃上喷一层肥皂水，粘合尺寸要比水族箱背面大一些，然后把多余的部分用刀裁齐

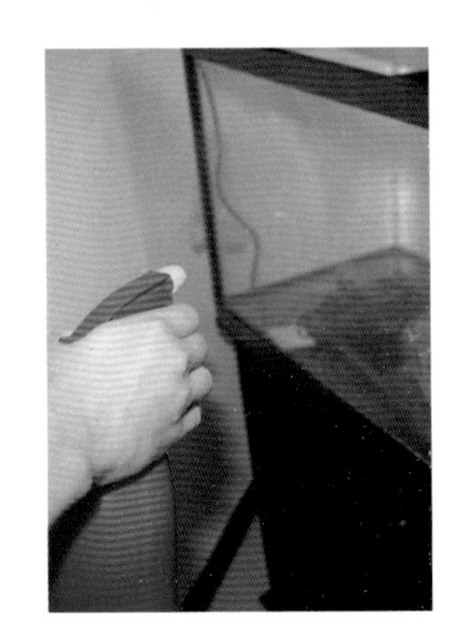

## 其他装饰

有些人喜欢自然的水下景观，他们只在水族箱中放置沉木、沙子、石头，种植真水草。还有一部分人喜欢拟人化的水下景观，他们在水族箱里放置用塑料制作的各色水草，放置树脂制作的沉船、宝藏、罐子、各种残骸等。这种被放置了许多“玩具”的水族箱看上去很像动画片，如果配合使用水下照明灯，能给人一种梦幻的感觉。不过，这种动画版的水族箱造景并不适合大型水族箱。

# 水族箱买回家后的操作顺序



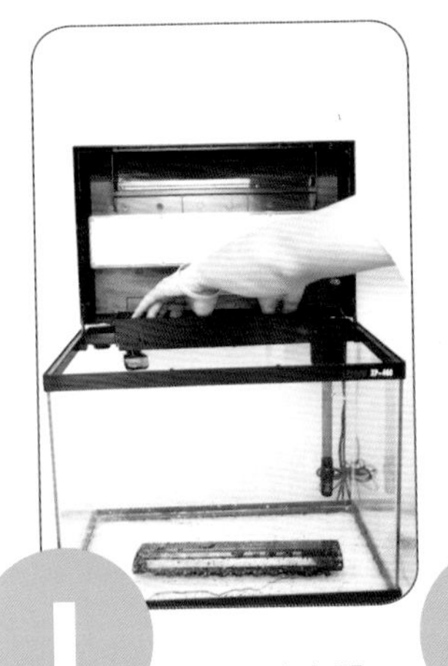

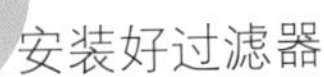

1 安装好过滤器

2 铺设一层底沙

3 铺设水草肥料

4 铺设第二层底沙

5 安放沉木与石头

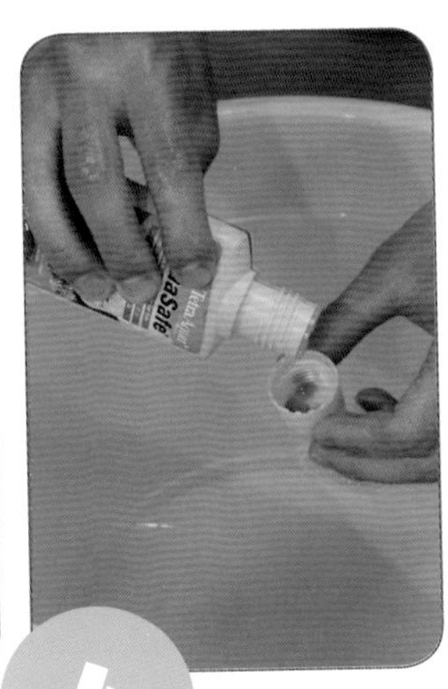


6 向新水中添加稳定剂

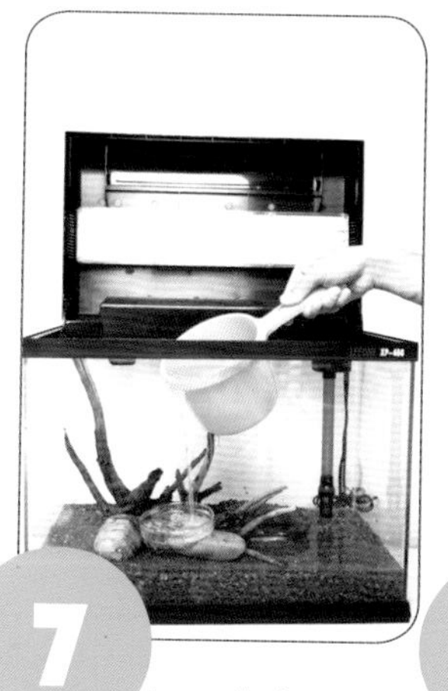

7 加一半水

8 种植水草

9 加满水

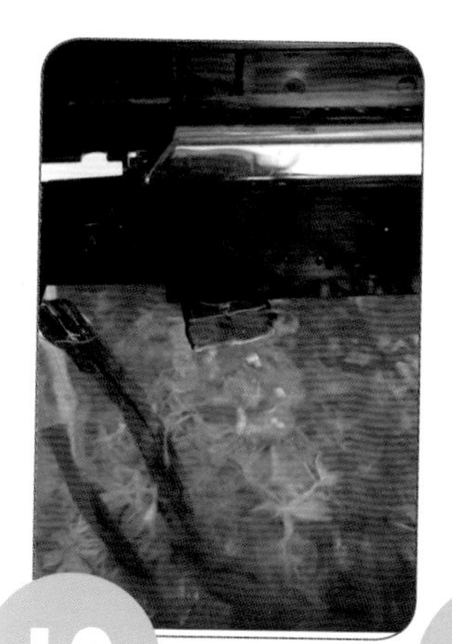

10 启动过滤器

11 添加硝化细菌

完

当你坐在水族箱边欣赏的时候，有没有想过，鱼看到外面的你是什么感受？

# 第五章

## 用水的学问

养鱼寄语：没有不用换水的水族箱，当前一些水族箱的生产者声称自己的水族箱可以免换水，这完全是不可行的。长期不换水，水中会沉积大量的营养盐，而且随着植物和动物的吸收，水中有益元素会消耗殆尽，影响生物的健康生长。所以要想养好鱼，定期换水才是硬道理。

IQ3
DYMAX

通常一些资料上谈到养鱼用水的时候，都会罗列河水、井水、泉水和自来水等。我想一般家庭养鱼是用不到前三种的，河水、井水只在观赏鱼生产中使用，获得泉水则更难。我们通常养鱼用的水就是自来水。自来水也是来自自然湖泊、水库、地下的水，经过自来水厂加工消毒，通过供水管道送入千家万户的方便用水。

中国南北方自来水水质略有不同，通常南方水软、北方水微硬。从水龙头接出的水不能马上用来养鱼，要经过养水处理才能让鱼活得舒心。



## 养水

养水包括除氯和调节水况两个环节。

现在自来水消毒大都采用氯化法，公共给水氯化的主要目的就是防止水传播疾病，这种方法推广至今已有 100 多年历史了，具有较完善的生产技术和设备，氯气用于自来水消毒具有消毒效果好、费用较低、几乎没有有害物质等优点。但消毒后的自来水中会有大量的氯残留。残留的氯会对观赏鱼的鳃和侧线造成伤害，必须去除水中的残余氯才能用来养鱼。

去除氯的办法有两种，一种是通过曝气处理，一种是添加化学药物。

新水处理示意图

## 曝气

曝气的前身是晒水和困水，早期电动水泵和气泵没有被发明前，人们将自来水盛放在一个敞口的容器里，放在太阳下晒，在阳光的照射下，水中的氯会快速气化蒸腾而出，大概晒 1 天的时间水就可以用来养鱼了。在照射不到太阳的地方，人们采用困水的方法，只要将新自来水盛放在敞口容器里，放置 3 天以上，即使没有太阳照射，水中的氯也会大部分游离而出。

当气泵被发明以后，人们发现只要不停地向水中打气，不论有没有太阳，打气 1 天后水都可以用来养鱼了，这是因为进入水中的空气带走了水中的氯气。这个操作称为曝气，曝气是目前最安全有效的养水方法。

有的时候，我们突然得到了一条鱼，或者突然要给水族箱换水。这时，没有事先曝气好的水，也来不及等待曝气 1 天。怎么办呢？就要使用化学方法。

## 水质稳定剂

硫代硫酸钠又名大苏打（$Na_2S_2O_3$），可以中和水中的氯，达到迅速将水处理到可以养鱼的标准。于是，人们用这种原料制作了水质稳定剂，在初次养鱼或换水的时候向自来水中添加，达到去除氯的目的。

## 调节水温

在使用除氯后的自来水前，要先将水温调整到合适的温度。一般初次养鱼的时候，要先用加热棒把水族箱内的水提升到鱼能适应的22～26℃的水温之间。换水的时候，要把新水的水温调整到和水族箱内水温一样后再换水。利用太阳曝气处理的水温一般偏高，夏季晾晒1天的水温度可以达到50℃以上，如果直接用来换水，会造成鱼的大量死亡。

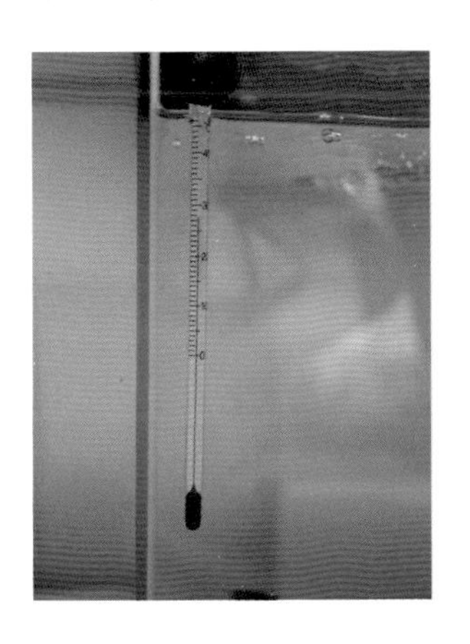

水族箱中的温度计

炸鳞：

很多时候，我们的鱼刚放进水族箱一天，它的鳞片就全树立起来了，这种情况叫炸鳞。是由于水温突然波动幅度太大，鱼的皮肤应急出现的症状。炸鳞的鱼不会死，但会失去鳞片保护，很快被细菌感染而死亡。避免炸鳞的方法是保证鱼生活的水温稳定，每天早晚波动不要超过1℃。

# 水化学

水这种物质，通常内部溶解了大量的其他元素，看上去清澈透明，但实际上却错综复杂。

溶于水的化学物质会改变水的一些属性，比如酸碱度、硬度、导电度，等等，这些性质的变化直接影响着鱼类和其他水生生物的健康。了解一部分水的化学知识，对养鱼是非常有好处的。

## 酸碱度（pH 值）

pH 英文全名 hydrogen ion concentration，氢离子浓度指数。这个概念是 1909 年由丹麦生物化学家 Soslashren Peter Lauritz Soslashrensen 提出的。p 代表德语 Potenz，意思是力量或浓度，H 代表氢离子（$H^+$）。有时候 pH 也被写为拉丁文形式的 *pondus hydrogenii*。

pH 值越大，碱性越强，pH 值越小，酸性越强，在水温 25℃时，pH 值等于 7 为中性水。

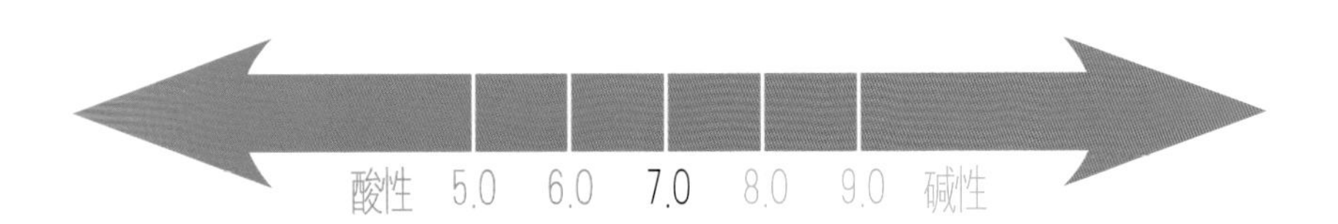


自来水的 pH 值一般为 7，北方略微偏高、南方略微偏低。这种水适合大多数观赏鱼的生存。但如果想繁殖观赏鱼就必须将 pH 值调节到它们需要的范围内。许多水草不能忍受 pH 值高于 7 的水质，有些甚至需要低于 6.8 的软水才能养活。降低 pH 值的办法是向水中添加酸性物质，比如白醋、草酸、鞣酸等。市场上有很多降低 pH 值的添加剂，可以根据自己的需要购买。pH 值呈对数形式波动，一般鱼类受不了在 1 小时内 pH 值波动超过 0.2，因此，调剂水的 pH 值必须缓慢进行。

海水的 pH 值是 8.4 左右，当你用自来水融化好海盐后，pH 值就会稳定在那个范畴，但随着海水的老化，水中的硝酸根离子和碳酸根离子使其 pH 值下降，这时可以用换水和添加生石灰、氯化钙等方法来解决，当然市场上也有成品的 pH 值提高剂出售。

pH 值的高低可以用石蕊试纸或 pH 值测试表来测试，建议不使用试纸，因为试纸是利用比色方式进行鉴定，不稳定，难识别。况且，现今 pH 值测试表已经不是什么昂贵的器材了，用它来监控水的酸碱度很方便。

一般情况下，水族箱中的水要比新水 pH 值略低，这是因为鱼排泄的废物、水草的烂叶会产生碳酸根离子、硝酸根离子、磷酸根离子等。另外沉木和水草种植泥丸会不停地向水中释放鞣酸。因此，给一个成熟的水族箱换水，实际上每次都会带来其中的 pH 值波动。

淡水灯鱼和神仙鱼只有在弱酸性水中才能展现出更绚丽的颜色，东非慈鲷、海水鱼则必须在高 pH 值下才闪闪发光。金鱼和锦鲤在高 pH 值下，颜色会更艳丽，但生长缓慢，鳍条短小；在低 pH 值下，生长速度快，鳍条宽大，但颜色暗淡。

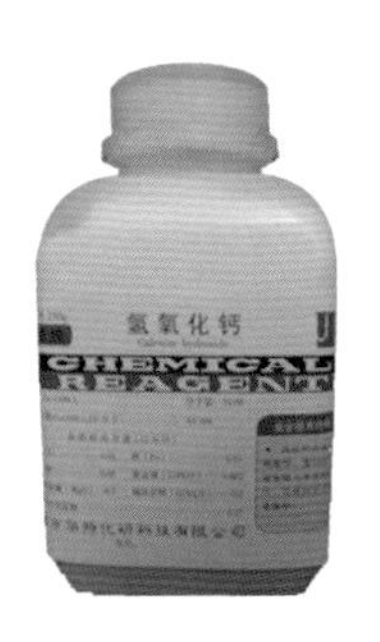

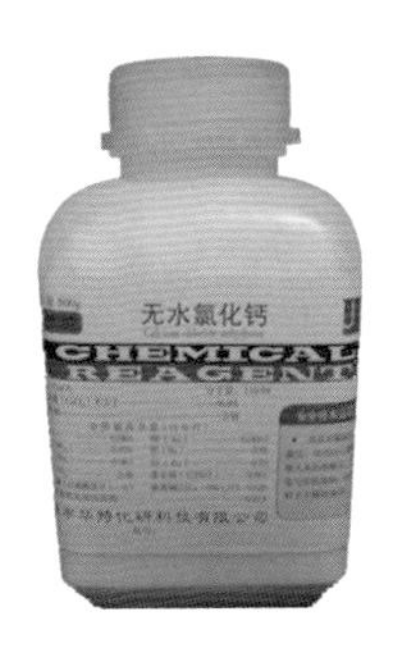

可提高水酸碱度的药物（上），可降低水酸碱度的药物（下）

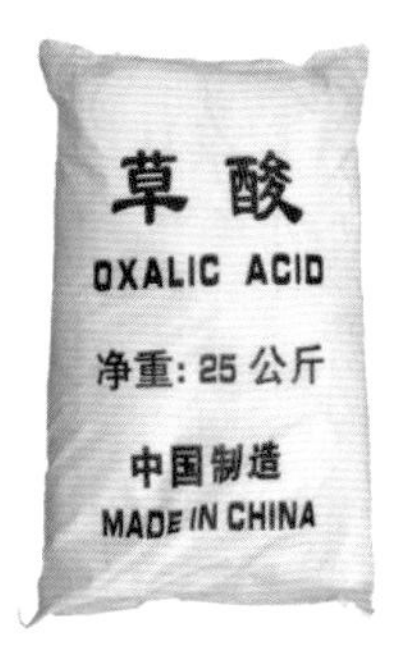

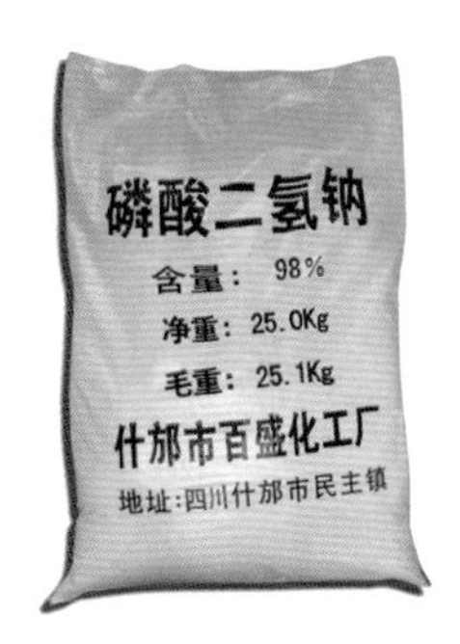

## 硬度

水的硬度是指水沉淀消耗肥皂的能力。从理论上说，这包括除钙离子（$Ca^{2+}$）、镁离子（$Mg^{2+}$）以外的所有金属离子，如铁离子（$Fe^{2+}$）、铝离子（$Al^{3+}$）、锰离子（$Mn^{2+}$）、锶离子（$Sr^{2+}$）等离子构成的硬度。$Ca^{2+}$造成的硬度叫做“钙硬度”（HCa）。$Mg^{2+}$造成的硬度叫做镁硬度（HMg）。以此类推。各种硬度之和则称为“总硬度”（T.H.）。不过养殖水中其他离子的含量极少，一般淡水的硬度是由$Ca^{2+}$、$Mg^{2+}$含量决定的。

在天然水中，$Ca^{2+}$、$Mg^{2+}$可以形成碳酸盐、重碳酸盐、硫酸盐、氯化物存在。由前两种形成的$Ca^{2+}$、$Mg^{2+}$造成的硬度称为“碳酸盐硬度”（HC）。其中$Ca^{2+}$、$Mg^{2+}$重碳酸盐在水煮沸后，即分解成碳酸盐沉淀，析出除去，故相应的硬度又称为“暂时硬度”。由后两种形式$Ca^{2+}$、$Mg^{2+}$构成的硬度则称为“非碳酸盐硬度”(HS)。它虽经煮沸，仍不能除去，故又名“永久硬度”。碳酸盐硬度与非碳酸盐硬度之和也是总硬度。

各地的自来水硬度略有差别，一般南方软、北方硬。有一个很简单的水源硬度观察办法，即肥皂在硬水中的泡沫产生得非常少，而软水中产生得非常多。硬度的常用单位有三种：即“毫克当量／升”、“毫克$CaCO_3$/升”、德国度（1°=10毫克CaO/升）。总硬度实际上只是一个

右图：水中钙镁离子过高，水垢非常多

下图：钙离子的测试

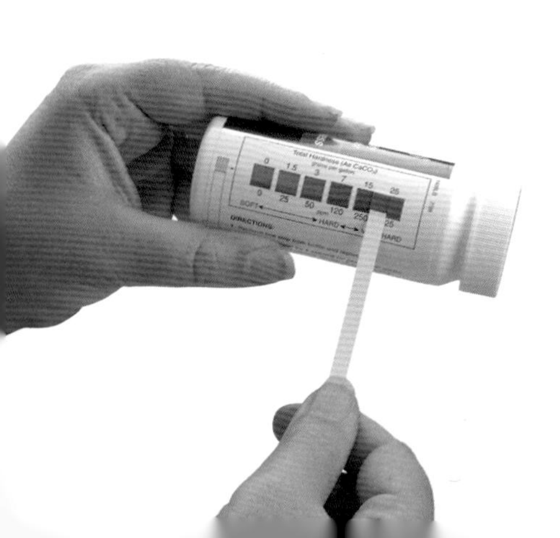

单位而已。一般0～4°称为很软水，4～8°称为软水，8～16°称为中等软水，16～30°称为硬水，30°以上称为很硬水。其中软水和中等软水适合养鱼。大多数水草应当生活在软水中，海水鱼生活的海水是一种硬水，东非慈鲷也喜欢硬水。

硬度的测试可以用测试剂来完成，调整水的硬度比调节酸碱度繁杂。提高硬度相对容易，可以在水中添加钙离子和镁离子，比如氯化钙、硫酸镁等。降低硬度就比较麻烦了，理论上讲，只要降低了水体pH值，硬度也会逐渐下降，但实际上，这个效果并不明显，目前最有效的降低硬度办法是通过离子树脂交换，将水中的重金属离子去除。或者使用纯净水机。

同样，金鱼和锦鲤在高硬度的水质环境下生长缓慢但颜色鲜艳，在低硬度的情况下生长迅速但颜色暗淡。热带观赏鱼要根据其产地确定水硬度的范畴，一般喜欢低pH值的鱼都会同样喜欢软水，反之则喜欢硬水。

## 溶解氧

空气中的分子态氧溶解在水中称为溶解氧。水中的溶解氧的含量与空气中氧的分压、水的温度都有密切关系。在自然情况下，空气中的含氧量变动不大，故水温是主要的因素，水温愈低，水中溶解氧的含量愈高。溶解氧通常记作DO，用毫克／升来计量。水中溶解氧是水族箱内鱼是否能健康成活的重要指标。

衡量水中是否缺氧的最好办法是观察鱼是否浮头，在水中溶解氧过低的情况下，鱼会游到水面，将一半嘴露出水面吞噬空气。

出现这种情况要马上给水族箱增氧。如果增氧不及时，鱼就会全部死掉。

不过不用害怕，缺氧致死的情况现在已经很少出现了。只要你 24 小时开着过滤器，保证水族箱内水的循环流动，水族箱内就永远不会缺氧。所以，日常监测溶氧量并不太重要了。不过，当饲养鱼的密度过大时，水的溶氧量会略微下降，这会危及水中硝化细菌的存活，细菌死亡减少后，水的自净能力下降，水会变得浑浊。



## 导电度（TDS）

导电度就是物理中经常用到的"电导率"。由于水中含有各种盐类杂质如钙、镁的盐并以离子形式存在，当水中插入电极时带电的离子就会产生移动，这样就会使水产生导电作用，水的导电能力的强弱就称为水的电导度。导电度和水的硬度、洁净程度和营养盐含量有关。中等硬度的自来水导电度一般在 100 左右，纯水的导电度是 0。当水被放入水族箱后，导电度开始上升，这是因为随着鱼的生活，水中的杂质、硝酸盐、磷酸盐等营养盐在不断增加。一般用自来水饲养淡水鱼，导电度超过 300 就必须换水了，否则，你的鱼感觉就像生活在尿里。

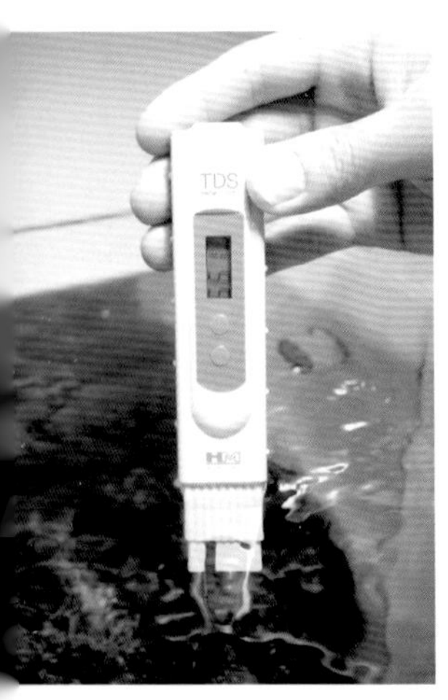

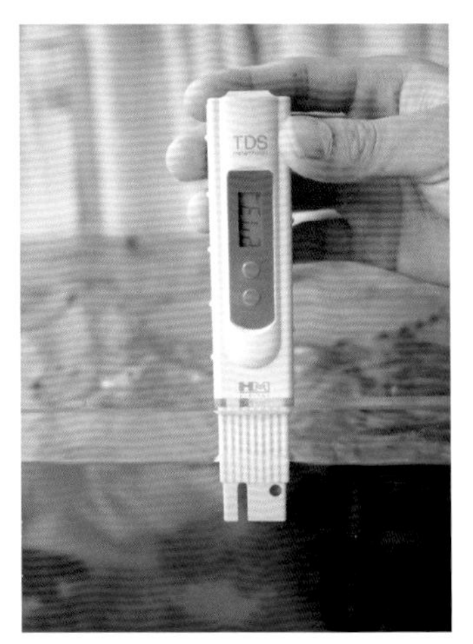


不同水质情况的导电度不同，从左到右依次为：海水生物饲养水质、水草饲养水质、金鱼饲养水质

上图：家用纯水机

右图：软水树脂

## 纯水

越来越多的家庭开始安装纯水机了，厨房用水得到了明显改观，锅碗瓢盆很少附着水垢，饮用纯水也不用担心结石。纯水机通过隔膜反渗透原理和离子交换原理将水中所有杂质和金属离子去除，得到不导电的纯净水。顺便说一句，人长期引用纯水会缺钙，还会引起其他不良反应。鱼也不能长期生活在纯净水里。

家庭纯水在养鱼方面的用处主要是与自来水勾兑得到低硬度的水，或者用来融化海盐，生产出不含任何营养盐的海水。

# 人工海水

如果想要饲养海水鱼，自然要有海水。目前我们使用的海水多为人工合成的，虽然在沿海城市天然海水来得更容易，但使用前必须经过消毒，确保取水点的水质适合你所饲养的鱼，并且没有污染。我还是推荐使用人工海水，因为它安全可靠。

多数水族市场都出售人工海盐，它们的质量一般和价格成正比。一些好品牌的盐在制作工艺上分成鱼盐和无脊椎动物盐，它们使用了不同配方。在饲养无脊椎动物和娇弱的鱼时，建议使用无脊椎动物盐，它的配方内涵盖了全面的微量元素，更充足的钙，这对那些生物是有好处的。不要试图用暂养海鲜的“海水素”来饲养观赏鱼，那种盐不具备多数微量元素，它们只适合短时间暂养海鲜。家里做菜用的食盐更无法用来养鱼，盐水并不等于海水。

化盐过程说明：

1. 准备适量的淡水

2. 加入水质稳定剂

3. 将水温加热到和水族箱内水温一致

4. 放入合适比例的人工海盐

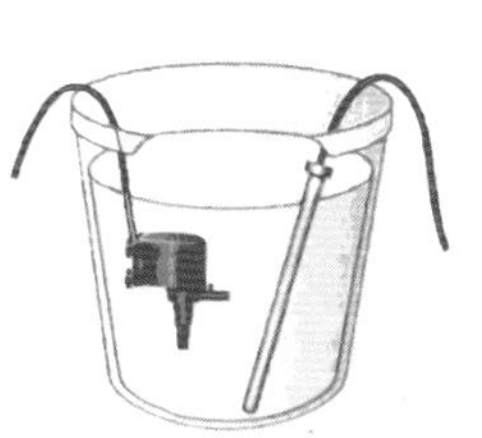

5. 使用水泵搅动水流化盐

6. 测试比重是否合适

海水中含有许多矿物成分，排在前面的有钠、钙、镁、钾等，另外还有一些微量元素，如：铁、锰、锌、碘、硼等。高品质的海盐在配置工艺上尽量模仿了天然海水各种成分的数量，并根据家养海水生物的需要适当调高了一些指标。被调整最多的物质是钙，因为各地的自来水情况不一，为了维持人工海水在配成后能有达标的硬度，一般生产商都会以最高的数值加入钙，即使你使用的自来水硬度为 0，配置出的海水也能达到总硬度 7° 以上。因此，更多的时候你会发现海盐未必能完全溶解，有一些白色的物质会漂浮在水面，那是被挤出来的钙，它们是多余的，不必理会。

配制人工海水是非常简单的事情，所有生产商都会在海盐包装上印有使用说明。根据配方不同，不同品牌的海盐每千克能配置的海水数量略有不同。一般情况下，建议配制盐度为 33 ~ 35 的海水来养鱼。通常只要在 100 升水中加入 3.5 千克的盐就可以得到这样的海水，但有的时候我们需要更低或更高的盐度，那么就要适当减少或增加用盐的数量。测量水中的盐度，需要复杂的仪器，一般家庭很难拥有。不过，我们有更简单的办法，那就是用测量比重来代替测量盐度。在水温 25 ~ 26℃时，比重 1.022 ~ 1.023 相当于 33 的盐度。

比重计很容易买到，而且十分便宜。分为浮漂式、盒式的和光学的，不用刻意地去追求高档和专业，只要质量有保证，任何形式的比重计都非常好用。在同样盐度下，比重会随着温度的上升而减小，所以建议在 25 ~ 26℃之间测量。其实，饲养大多数海水鱼多不需要过于精准的盐度，只要比重在 1.018 ~ 1.028 范围内，它们都可以接受，有些品种甚至可以接受 1.010 的比重。

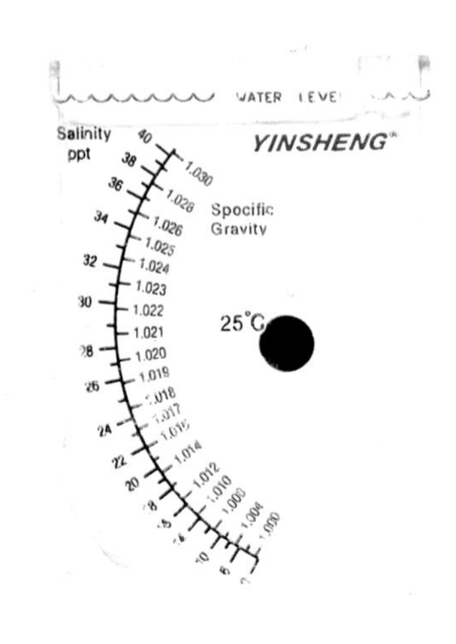


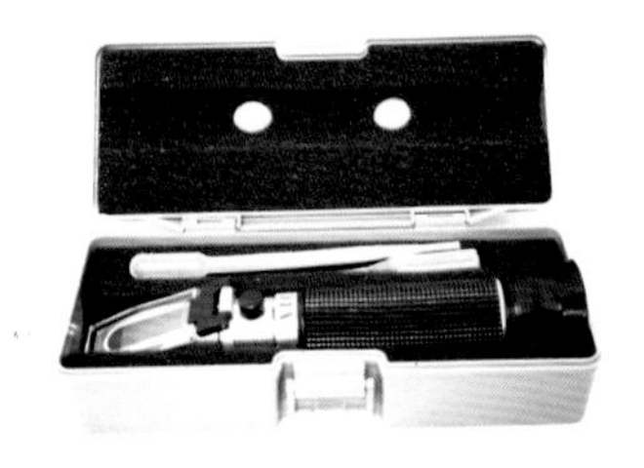

盒式比重计（上）

光学比重计（下）

用来调配海盐的自来水必须事先经过去氯处理，因为自来水中用来消毒的氯会影响到海盐的融化效果。最简单的办法是将自来水放到阳光下晒一天，或用气泵向水中打气 36 小时。根据各地方水质的不同，海盐的融化速度也不一样，水较酸并软时，盐会融化得快，相反，碱度高硬度大的水化盐的速度要慢一些。不论什么水，我都建议你化盐 24 小时后再使用，因为盐中的各种物质融化速度并不一样。

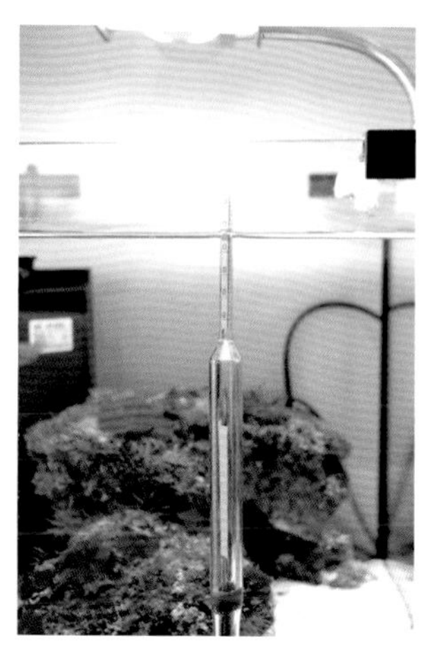

漂浮式比重计





营养盐：

硝酸盐和磷酸盐都是植物生长所需要的营养，故此，我们将它们称为营养盐。它们是硝化细菌工作后的最终产物，如果水族箱内没有大量的植物，就必须靠换水把它们去除掉。

如果你不设法去除水中的营养盐，它们会一直增加。大多数淡水鱼可以忍受 500 毫克／升的营养盐，再多它们的皮肤就会开始腐烂，鳞片失去光泽。

海水鱼不能忍受高于 200 毫克／升的营养盐，高营养盐的环境下它们会频繁患白点病，直到死亡。

珊瑚对营养盐的忍耐更低，只能是 50 毫克／升以下，有些珊瑚甚至不能忍受水中有 0.3 毫克／升的硝酸盐。

水草虽然吸收营养盐，但营养盐过高时，藻类会大肆泛滥，将水草包裹，使其不能生长。

测试硝酸盐和磷酸盐的试剂在水族商店都可以买得到，建议你尝试测一下水族箱内营养盐的波动规律，然后确定多长时间换水一次。

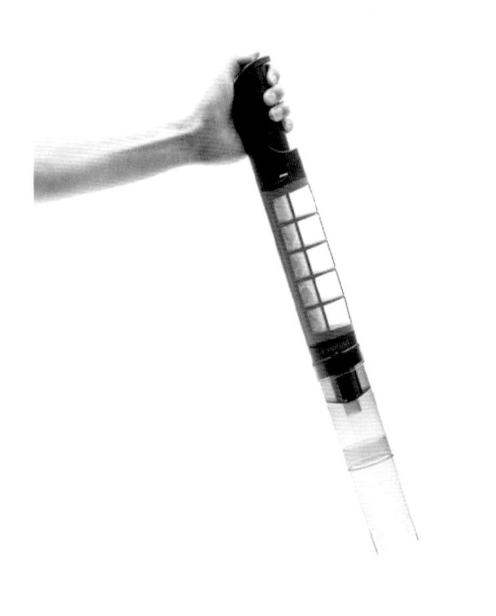

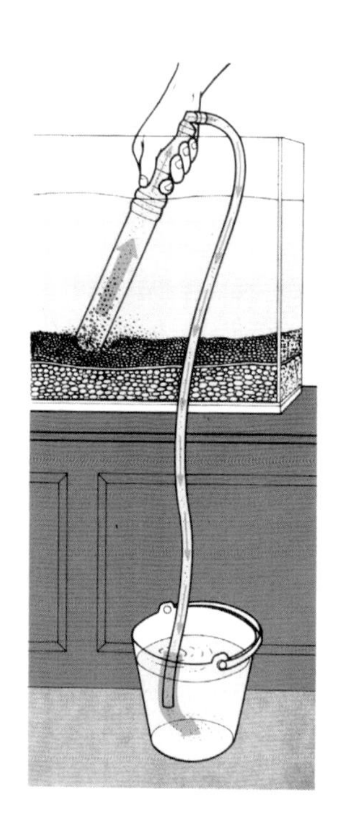

## 换水

换水是养鱼最重要的工作，换水的目的不单纯是为了用橡胶管子抽出鱼的粪便。实际上你如果愿意，留下那些粪便没有什么问题，我们要做的是扔掉一些老水，换入一些新水。换水的最重要目的是带走老水中看不到的氨氮类有毒物质，重新为水族箱注入富含有益矿物的新水。

有些人爱给新手一个定义，告诉他每周换水多少多少。这是误人子弟的说法。换水的频率和多少取决于你饲养鱼的多少和鱼的品种。有些鱼喜欢新水要经常换水，每周至少 3 次，有些鱼喜欢老水，则 1 月换一次就可以。鱼多就要多换水、频繁换水。鱼少就可以少换水，换水间隔时间长。不要过于相信别人，怎样给水族箱换水，完全要靠你养鱼后自己摸索总结，而且建立一些换水的经验并不是难事。

通常换水是利用虹吸原理抽出水族箱内的一部分水，一般不超过 1/3，然后再补入等量的同温度水。人们还在虹吸管上安装了洗沙器，可以在换水的同时清洗底沙。

# 第六章

## 家养观赏鱼

养鱼寄语：不要盲目追求昂贵的鱼，昂贵的鱼不一定是好的观赏鱼，它们可能是数量少，不能人工繁育，也可能是对水质敏感，不容易存活。而这两点都不是一条好的家庭观赏鱼应该具有的特征。

它们为何要生长出这么鲜艳的颜色来勾引我，使我沉迷于水族箱爱好不能自拔。

世界上已知的鱼类有22000多种，今天至少有5000种以上出现在观赏鱼贸易中。但他们未必都是观赏鱼，有些鱼既不好看，也不奇特。只是因为它们很难获得，就成为了鱼类收藏爱好者的猎物。相信我，那样的鱼不适合作为观赏鱼。真正的观赏鱼应当是由人工培育繁殖的、具有绚丽色彩或奇特外表的鱼类，并且应当经得起历史的考验，经久不衰。如果这样一限定，实际上家庭观赏鱼的数量不会超过500种，常见的也就200种左右。



# 买鱼

当你准备好一个水族箱后，最让你感到兴奋的时刻即将到来，那就是去水族店买几条心仪的鱼。买鱼挑鱼是一项很有学问的事情，如果掌握得当，不但可以选到最健康的鱼，还能让水族箱中的生物和谐相处。

有些鱼是适合家庭饲养的观赏鱼，有些则是鱼类爱好者收集的对象，对于普通爱好者来说，常规品种的家庭观赏鱼才是您选择的对象。它们可以轻松地给你带来快乐的享受，不会让你感到很累、很费钱。

## 健康的鱼

健康的鱼通常应当身体健壮、体色鲜艳，眼睛明亮，喜欢到处游泳，体表没有白毛、白点。在水族店里挑选健康鱼的最简单办法是：把手放到水族箱前晃动，最快跟随手游泳的是最健康的鱼。鱼跟随你的手游泳，代表它已经建立了喂食的条件反射，这说明水族店的经营者已经喂养了这条鱼一段时间，它已经适应了本地水质环境，并开始接受店主给予的饲料。良好的喂食条件反射，还证明鱼非常健康，而且年轻充满了活力。在鱼这种动物里，能吃永远是健康的最重要标准。

状态优良的鱼不但不怕人，还喜欢追逐人的手

## 新手挑鱼十要素

前面说过，标准水族箱加上一支加热棒，就可以开始养鱼了，能适合这种饲养环境的鱼大概有 100 多种，足够初级的爱好者挑选。这类鱼应具备如下特征。

体长不小于 5 厘米，也不大于 15 厘米

体长在 5 ～ 15 厘米的鱼，多数都很容易饲养，小于 5 厘米的鱼体质较弱，不能忍受环境的突然变化，很可能在你换水的时候，一不小心就伤亡了。体型过大的鱼需要更大的水族箱，而且能吃能拉，如果不经常换水，很容易因水质恶化而死亡。除非用很大的水族箱来饲养一条鱼，否则养大鱼很累人。

## 不是很能吃，也不是很能拉

能吃能拉的鱼有不少，大多是消化道比较短的品种，它们对食物的消化能力不充分，排泄物非常多。这里最典型的例子是金鱼。虽然很多人小时候都饲养过金鱼，但金鱼确实不是适合现代家庭水族箱饲养的品种，它们太能排泄，吃多少拉多少，粪便颗粒很大，很容易阻塞过滤器，你必须经常为它清洗，要么就很少喂它。经常清洗过滤器很累人，少喂固然省力，但时间长了，鱼不但不生长，而且颜色变浅，也不爱游泳。

## 在有没有光照的情况下都能活得很好

有些鱼必须得到光照才能很好地生长，比如金鱼、锦鲤和一些冷水鱼类，这些鱼照顾起来比有没有光都能很好生长的品种费劲，至少是费电。因为，现在的居住环境，不是所有人都能保证家中正好有一个向阳且不会受到太阳直射的地方来放置水族箱。放在玄关、门廊和餐厅的水族箱往往很难得到充分的光照。如果你经常开着水族箱照明灯固然好，会多少费一些电。当然，电是小问题，因为淡水饲养鱼的水族箱照明灯功率也不大。最严重的问题是长期开灯的水族箱会滋生藻类，水族箱壁和内部饰品上会附着大量咖啡色或黑绿色的藻，至少要每周清洗一次，时间长了，人会感到乏味与疲惫。

## 能轻松地接受人工饲料

野生的观赏鱼、一些娇嫩的观赏鱼、大型肉食性鱼和海水中的蝴蝶鱼等不能接受人工饲料，这种鱼尽量不要饲养。它们只吃鲜活的饵料，虽然你可以为它们在冰箱里冷冻一些食物，但你可能不是经常有时间去为它们购买食物。冷冻食物一次不能购买太多，过期了就会腐败变质。所以，要经常去水族市场购买，对于上班族来说，宝贵的休息日至少有半天要去观赏鱼商店。我们为什么不腾出时间去看电影、洗衣服、睡觉或者看电视呢？只要你不选择那些爱吃鲜活饵的鱼就可以。干燥鱼食内有一定的防腐剂，而且脱水不容易变质。观赏鱼是低等人工培育的动物，吃点儿防腐剂没有什么伤害。买几罐鱼粮，你就可以在家赏鱼一年，不必担心断粮了。

能适应 20 ～ 30℃的水温

有人认为低温鱼要比热带鱼好饲养，这是完全错误的，事实恰恰相反。冷水观赏鱼，比如金鱼、锦鲤对水质和溶解氧的要求都要比普通热带鱼高，一些野生的冷水鱼在夏季需要很低的水温，这是一般家庭不容易做到的。金鱼和锦鲤在水温高于 28℃的情况下，非常容易患病，而大部分热带鱼却没有问题。在一般家庭里，保持水族箱水温在 20 ～ 30℃是最容易的，夏季室内在不开空调的情况下通常在 28 ～ 32℃，水温能控制在 30℃左右；冬季供暖后，室内气温大概在 16 ～ 24℃，水温可以控制在 18 ～ 22℃，我们只需要在水族箱里加一个加热棒，热带鱼就可以平稳过冬。但如果饲养冷水鱼，夏天就必须安装冷水设备，这是很费电的，而且冷水机排放的热量会提高室内温度。

人工繁殖得到而不是野外捕捞

目前，已经有至少 500 种观赏鱼可以人工繁育，这些足够普通爱好者的挑选，我们没有必要去追求饲养野生鱼类了。市场上出售的野生鱼类，多数是为了满足鱼类收藏爱好者的需求。人工繁育的观赏鱼比野生鱼更容易适应水族箱环境，而且对人工饵料并不挑剔。人工繁育的鱼还比野生鱼携带的病原体少。有些鱼已经被人们繁育改良了百年以上，它们甚至演化出了专门为水族箱生活服务的特征，这些鱼十分好养，不会在你饲养稍有不慎的时候就死去。饲养一年后，也许这些鱼还会在你的水族箱中产下后代。

不具攻击性

有些具有攻击性的鱼会成为你水族箱中的危害，东非慈鲷、斗鱼、河豚以及少数鲤形目品种都喜欢攻击其他鱼类。它们有的是具有领地意识，有的是喜欢撕咬其他鱼的鳍和肉。水族箱中如果有一条这样的鱼，将闹得所有“居民”惶恐不安。如果你不是特别喜欢这类鱼最好不要饲养。

不胆怯，把手放到水族箱前，它会追逐你的手

野生鱼、坑塘养殖的鱼和有疾病的鱼都有怕人的习惯，人工繁育的健康观赏鱼已经养成了人来喂食的条件反射，你只要向水族箱一招手，它们就会游过来。

只要使用曝气后的自来水就可以养活

不同的鱼对水的硬度和酸碱度要求不一，有些鱼只能生活在酸性的软水中，而我们家庭的自来水都是近乎中性的。如果你购买了对水质有特殊要求的鱼，自来水是养不活的。你还要为它安装软水器或者纯水机，而且每次换水都十分麻烦。

价格通常在 1 ～ 50 元（人民币）/ 条之间

价格在 1 ～ 50 元区间的观赏鱼基本都是人工繁育的品种，这些鱼有良好的环境适应能力。不要贪图昂贵的鱼，那些鱼很可能是野外捕捞，或者只有特殊水质才能养活的鱼，它们是为鱼类收藏者准备的，并不适合普通爱好者。

具备这 10 点特性的鱼完全可以饲养在一个家用水族箱里，而且饲养它们不需要耗费你太多的精力。

# 当鱼到家后

新买的鱼到家后，先别急着放入水族箱欣赏，要进行如下处理后，才能保证它的存活。

泡袋

## 泡袋

观赏鱼的运输通常用塑料袋完成，出售商会将你购买的鱼连同一部分水放到塑料袋里，然后向袋子中充入氧气。鱼被带到家后，不能直接放到水族箱里。要连同袋子一起浸泡在水族箱中 20 ~ 40 分钟，才能解开袋子，任其游入新家。这个过程称为泡袋。泡袋的目的是使袋子内的水温和水族箱内水温达到一致，防止水温大幅波动，对鱼的鳃和侧线造成损害。泡袋的时间长短和袋内水量及内外水温差有关，因为无法确定内外水温到底相差多少，最好多浸泡一段时间。如果在放鱼前用温度计测量一下袋内外的水温是否一致那就更好了。

## 过水

一些名贵娇气的鱼和海水观赏鱼，在泡袋过后还需要过水处理。过水是将鱼连同袋子里的水放到一个盆里，再用虹吸管从水族箱中抽取水到这个盆里，抽水的速度要慢，通常用气管阀门控制水量。当盆内水快满的时候，将盆内水用水舀舀回水族箱一部分，如此反复大概 4 ～ 6 次，然后将鱼放到水族箱中。这个过程的目的是为了让水族箱中水的比重、硬度、碱度与袋子中的水指标基本达到一致，减少对鱼的刺激。大多数人工繁育的中小型热带鱼不需要这个过程，因为它们从小就是用和你家水质一样的自来水养大的。

为新鱼过水

隔离检疫除去防病，还可以防止老鱼欺负新鱼

## 检疫

检疫是将新购买的鱼隔离在另外一个水族箱中饲养一段时间，如果看其没有疾病则可以放入观赏用的水族箱。检疫的同时一般伴随药浴，通常会在水中添加磺胺类药物杀灭细菌，还可能放一些驱虫药物。检疫多数是在观赏鱼养殖场完成。家庭饲养观赏鱼一般很少做检疫，大多数人也没有检疫的条件。

大多数金鱼、锦鲤是野外坑塘养殖的，携带病原体的几率大，最好回家后进行检疫。海水观赏鱼和收藏类热带观赏鱼因为是野外捕捞的，最好也在放入水族箱前进行检疫处理。

# 喂鱼

喂鱼是大多数养鱼人最爱干的事情，而家庭水族箱中的鱼类疾病和鱼类死亡也多数来源于喂鱼不当。鱼不能喂得太饱，按常理说，鱼类应当少食多餐，才符合自然界的生活习惯。家庭饲养观赏鱼，不能保证每天喂 5 次或 8 次，因为我们要上班或有其他的事情。那么一天喂鱼 1 次到 2 次就可以了。不用担心它们会变瘦，更不用担心鱼会饿死，一些鱼，比如：金鱼、神仙鱼半年不吃东西也死不了。

为鱼选择合适的饵料十分重要，饵料分为：活饵、冷冻鲜饵、干燥饵料和人工饲料。

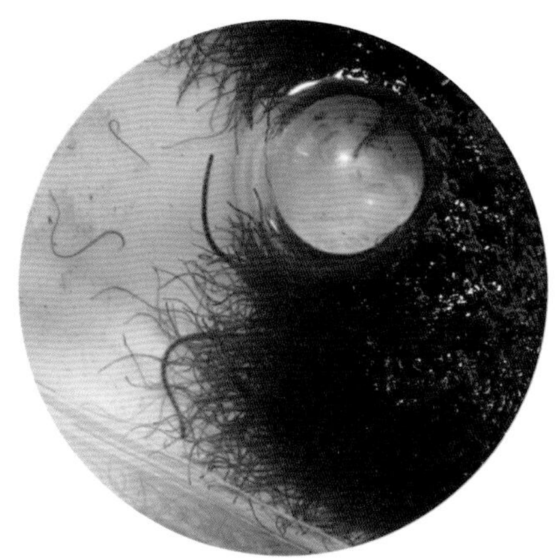

## 活饵

活饵是鱼最爱吃的，但购买和保存都非常麻烦，而且经常携带细菌和寄生虫，除非你想大规模繁殖观赏鱼，否则建议不使用活饵。活饵包括：水蚤、水蚯蚓、红虫（红孑孓）等。

## 冷冻鲜饵

冷冻鲜饵是速冻的活饵，现在大多数水族市场都可以买到，一年四季供应不绝。冷冻鲜饵鱼也非常爱吃，而且和活饵一样营养丰富，因为经过低温冷冻，大多数细菌和寄生虫已经被杀死，使用起来还是比较安全的。每次购买冷冻饵料的数量不要太多，保证鱼半年内能吃完，因为长时间冷冻在冰箱里的饵料一样会过期变质，而且会流失大量营养。

现在的冷冻鲜饵品种应有尽有，只要淡水海水产的都有人捕捞加工，如：红虫、水蚤、小河虾、小鱼以及海水的轮虫、丰年虾、珍珠虾、磷虾等。

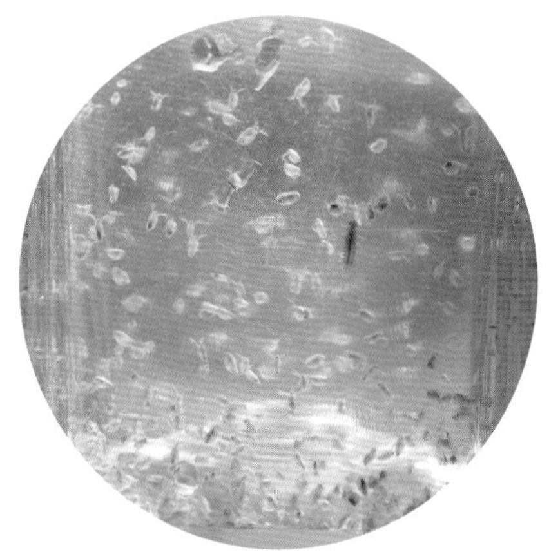
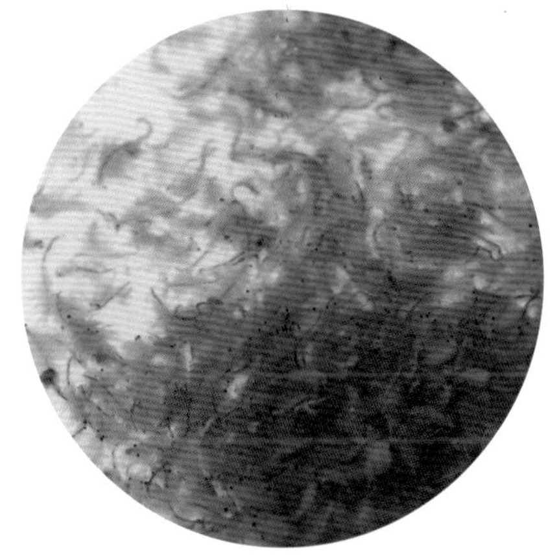

各种鲜活饵料，从左到右依次：红虫、丝蚯蚓、水蚤、丰年虾

## 干燥饵料

干燥饵料是鲜活饵料风干后制成的，分为普通风干和冷冻风干。普通风干的饵料营养基本已经随水分释出，鱼吃这种饵料等于吃糠咽菜。冻干饵料的营养要比风干饵料好一些，因为低温风干锁住了一部分营养。不过，不论是风干还是冷冻风干的饲料，鱼都不是很喜欢吃。

人工薄片饲料（左）和干燥丰年虾

各种人工饲料

## 人工饲料

人工饲料是目前家庭养鱼使用最多的饵料。这种饲料由人们根据鱼的营养需求调配而成，一般配方是鱼粉、玉米粉、豆粉、植物纤维等。根据鱼的食性不同，肉食性鱼会多添加鱼粉，素食鱼则多添加植物纤维。人工饲料有很多品牌，当然性价成正比。

从形状上分，人工饲料分为薄片、颗粒、块状等。薄片形的遇水软化，容易被鱼接受。颗粒和块状的饲料，需要给鱼一个适应的时间。

人工饲料还有浮性和沉性的分别，浮性的在加工时进行了膨化处理，可以漂浮在水面，避免饲料沉底残留污染水质。但鱼对沉性饲料的偏好程度远远大于浮性的。

有些饲料里添加了虾红素、螺旋藻等增色配方，长期喂食，能提高鱼的色泽鲜艳程度。不过也有一些饲料添加了色素，这种饲料对鱼有害。鉴别方法是：如果将饲料浸泡在水中，很快就将水染成红色，则为添加了色素的饲料。

# 一个水族箱能养多少条鱼

一个水族箱到底能养多少条鱼呢？

这个问题很难回答，要根据鱼的品种、水族箱过滤系统的形式来定。一般来讲，淡水热带鱼的可饲养密度最大。容积每升水可以饲养一条1厘米长的鱼。金鱼的饲养密度就要大幅缩水，因为它们能吃能拉，耗氧量极大。一般每10升水可以饲养一条5厘米长的金鱼。海水观赏鱼的饲养密度也很低，因为它们需要更大的活动空间，而且需要比淡水好很多的水质，通常每50升水可以饲养一条10厘米长的海水观赏鱼。

一些排泄量大的淡水观赏鱼也要低密度饲养，比如：地图鱼、血鹦鹉鱼等。

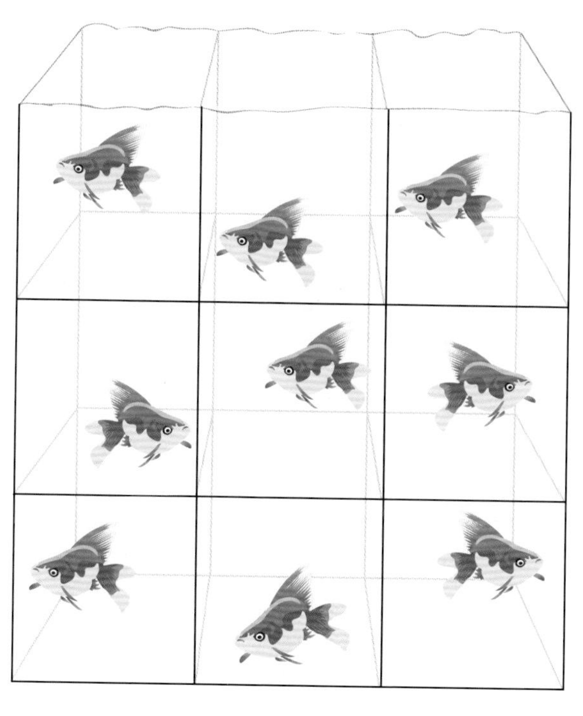

10升

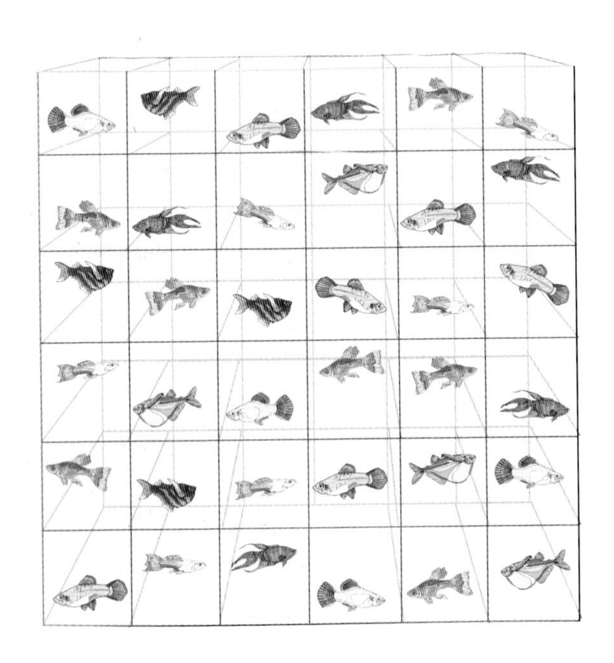

1 厘米

1 升

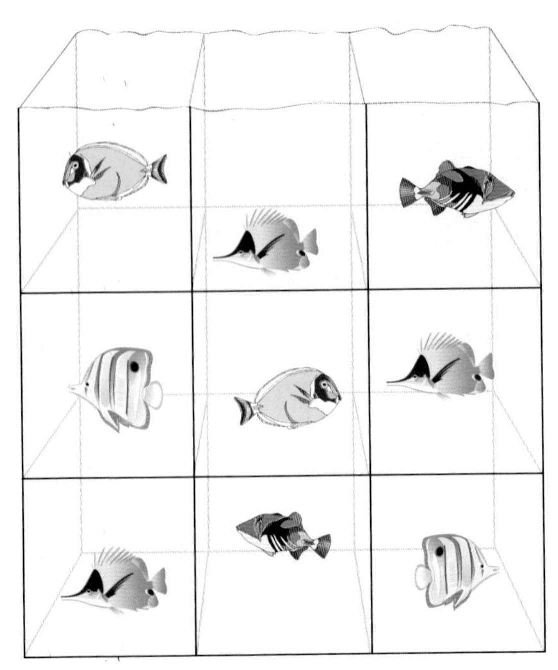

10 厘米

50 升

# 分组观赏鱼

本书不是专门分类介绍观赏鱼的，要了解更多观赏鱼请读者参考作者同期作品《家养淡水观赏鱼》和《家养海水观赏鱼》。这里介绍十几组常见观赏鱼，是为了方便读者在建立水族箱时做好品种搭配，避免将不适合饲养在一起的鱼放入一个水族箱。

观赏鱼的搭配饲养是养鱼过程中很重要的学问，品种搭配得好，水族箱看上去既美观又和谐，而且鱼类生长健康，颜色艳丽。如果品种搭配得不好，要么因为鱼类互相不能适应彼此的生存环境而频发死鱼，要么鱼类之间整天打斗不停，要么水族箱看上去十分混乱。

想搭配好观赏鱼要考虑如下几点因素：

1. 水质温度要求一样，比如金鱼就可以和热带鱼一起饲养，喜欢碱性水的东非慈鲷就不能和喜欢酸性水的南美鱼类一起饲养。

2. 体型不能相差太大，一般体型相差超过 10 厘米时，大鱼就可能吃掉小鱼，不论是不是同一品种。有些肉食鱼类口很大，可以吞食比自己仅小几厘米的动物。长时间和大型鱼生活在一起的小鱼会非常紧迫，不觅食、不爱游泳。

3. 分出主次，要先选择一种“主角”鱼，配合它的颜色和体型搭配其他鱼。主角鱼往往个体最大，或者在水族箱中数量最多。神仙鱼、龙鱼等经典观赏鱼永远是水族箱中的主角。

4. 海水观赏鱼、斗鱼和热带慈鲷类观赏鱼的雄性，在同一水族箱只能同时饲养一条，它们领地意识非常强烈，如果多条一起饲养，容易打斗致死。

5. 要想和水草、珊瑚一起饲养观赏鱼，必须选择小型且不吃水草和珊瑚的鱼类，虽然有些大型鱼也不吃水草和珊瑚，但他们游泳速度快，力度大，容易碰坏碰伤水草和珊瑚。

## 第一组：小型入门类观赏鱼

这一组鱼都是淡水热带小型观赏鱼，它们都非常容易饲养，而且最常见，在每个水族市场都可以买到。这些鱼的体长在 4 ~ 8 厘米，能够接受家中的自来水水质，并能轻松接受人工饲料。红剑、孔雀鱼、米琪鱼和三色月光都是卵胎生鱼类，只要你饲养几个月，它们就能在家中生下小鱼，小鱼用人工饲料碎屑就可以养活长大。

礼服孔雀鱼 *Poecilia reticulata*

红绿灯鱼 *Paracheirodon innesi*

红鼻剪刀鱼 *Hemigrammus rhodostomus*

白礼服孔雀鱼 *Poecilia reticulata*

蓝孔雀鱼 *Poecilia reticulata*

丽丽鱼 *Trichogaster lalius*

红剑尾鱼 *Xiphophorus hellerii*

红斑马鱼 *Danio rerio*

头尾灯鱼 *Hemigrammus ocellifer*

米琪鱼 *Xiphophorus maculatus*

三色牡丹鱼 *Xiphophorus variatus*

## 第二组：点缀草缸的鱼类

本组鱼全部是适合饲养在水草水族箱中的小型鱼，其中一眉道人鱼的个体最大，可以生长到 20 厘米以上，其余品种体长均不超过 10 厘米。这些鱼喜欢微酸性的软水，能接受人工饲料。不过由于对水质的特殊偏好，不容易在家中繁育后代。

宝莲灯鱼 *Paracheirodon axelrodi*

帝王灯鱼 *Nematobrycon palmeri*

红光管鱼 *Hemigrammus gracilis*

黄金条鱼 *Barbus schuberti*

蓝三角鱼 *Trigonostigma heteromorpha*

熊猫鼠鱼 *Corydoras panda*

一眉道人鱼 *Puntius denisonii*

超红凤尾鲷 *Apistogramma cacatuoides*

斑马鱼 *Danio rerio*

青苔鼠鱼 *Acantopsis choirorhynchos*

樱桃鲫 *Puntius titteya*

## 第三组：传统美鱼类

本组鱼都是人们饲养了几十年经久不衰的品种，有些品种，如神仙鱼已经有上百年的人工繁育历史，这些观赏鱼非常容易买到，而且十分好养。用家中的自来水经过曝气处理绝对可以养好。本组鱼的体长在5～15厘米，适合饲养在60～120厘米的水族箱中，它们对水草没有危害，不伤害其他观赏鱼，可以和第一组、第二组混合饲养。

红绒球鱼 *Xiphophorus maculatus*

小熊猫鱼 *Xiphophorus maculatus*

蓝星鱼 *Trichogaster tricho*

黑十字鱼 *Hyphessobrycon anisitsi*

苹果剑鱼 *Xiphophorus hellerii*

珍珠马甲 *Trichogaster leeri*

神仙鱼 *Pterophyllums carale*

黑玛丽 *Poecilia latipinna*

金玛丽 *Poecilia latipinna*

## 第四组：热闹非凡的鱼类

本组鱼喜欢游泳，可以在水族箱内终日游个不停。喜欢成群活动，但爱打架，小摩擦是常见的，不会致命。体长在 6 ～ 12 厘米，属于中小型观赏鱼，对各种水质的适应能力强，但不容易繁殖。不能和第三组鱼饲养在一起，否则它们的鳍会被咬坏，最好也不和第一、第二组鱼饲养在一起，因为那些鱼吃食的时候抢不过这些鱼。这些鱼能接受任何饵料。

虎皮鱼 *Puntius tetrazona*

彩虹鲨鱼 *Labeo erythturus*

黑裙鱼 *Gephyrocharax melanocheir*

蓝美人鱼 *Melanotaenia lacustris*

绿虎皮鱼 *Poecilia reticulata*

食美人鱼 *Melanotaenia boesemani*

红苹果鱼 *Glossolepis incisus*

玫瑰鲫 *Puntius conchonius*

黑线飞狐 *Crossocheilus Siamensis*

## 第五组：七彩神仙鱼

七彩神仙鱼一度被称为是淡水热带鱼之王，它们雍容华贵、色彩艳丽，但十分不容易饲养，能将七彩神仙鱼养好的人，养其他热带淡水观赏鱼基本不费力。七彩神仙鱼腼腆、体弱、神经质，需要常年生活在28～30℃的温度下。而且几乎不能接受干燥饲料，必须用冷冻饵料来喂养。能和七彩神仙鱼一起混养的鱼不多，它们都是喜欢酸性软水的温和鱼类。

全红七彩神仙鱼（人工杂交品种）

豹点七彩神仙鱼（人工杂交品种）

红头关刀鱼 *Geophagus sp.*

三间鼠鱼 *Botia macracanthus*

七彩神仙鱼 *Pterophyllum scarale*

画眉鲷 *Cichlasoma festivum*

黄金大胡子 *Ancistrus* sp.

## 第六组：风水鱼

本组鱼基本都是人工杂交得到的品种，它们是纯粹为了观赏培育出来的鱼类。这些鱼非常强壮，而且性格粗暴，会伤害其他鱼，不能和组外鱼类混养。花罗汉鱼每箱只能饲养一条，否则会终日打架。这些鱼对水质适应能力广泛，喜欢高温（28 ~ 32℃），能吃，不挑食。因为最早都是由移居东南亚的华人培育得到，所以被赋予了能带来财富和好运气的风水鱼头衔。

花罗汉鱼　（人工杂交品种）

金刚鹦鹉鱼　（人工杂交品种）

血鹦鹉鱼　（人工杂交品种）

红财神鱼（人工杂交品种）

帝王三间鱼 *Cichla temensis*

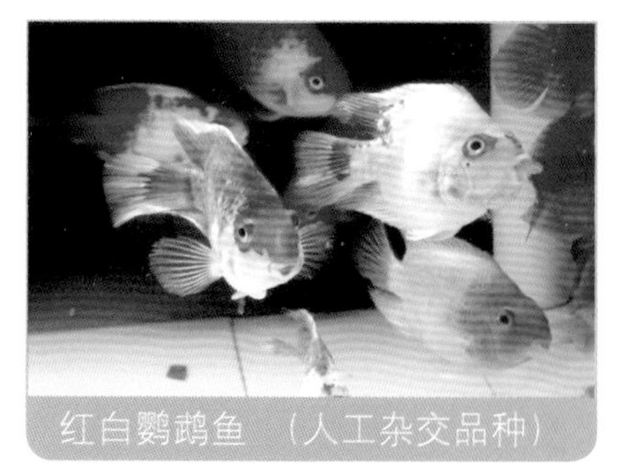

红白鹦鹉鱼 （人工杂交品种）

## 第七组：龙鱼和大型鱼

龙鱼也被视为一种风水鱼，因为野生种受到保护，人工繁育的个体十分昂贵。通常人们都是用一个水族箱单独饲养一条龙鱼，把它当做宠物，也有配合一些其他鱼类饲养的。龙鱼喜欢弱酸性软水，也能适应自来水的硬度。它们吃小鱼和昆虫，可以生长到 60 厘米以上。龙鱼喜欢的水温是 25 ～ 30℃，低温时食欲不佳，颜色暗淡，和它配合饲养在一起的鱼有同样的需求。淡水魟鱼经不起水质的突然波动，换水时一定要缓慢进行。

红龙鱼 *Scleropages formosus*

一栋鲳 *Myleus schomburgkii*

黑白魟 *Potamotrygon leopoldi*

泰国虎鱼 *Datnioides microlepis*

飞凤鱼 *Jordanella floridae*

斑马鸭嘴鱼 *Brachyplatystoma tigrinum*

## 第八组：东非慈鲷

东非慈鲷指的是原产于东非三大盐水湖中的慈鲷鱼类。这些鱼色泽艳丽，具有金属光泽，从 20 世纪末开始被爱好者关注。本组鱼个体长度在 15 ~ 35 厘米，属中型观赏鱼。它们喜欢偏硬的碱性水，北方地区正好饲养，在软水中生长不佳。不可以和之前任意一组鱼混养，它们暴躁爱打架，每个品种的雄鱼在一个水族箱中只能饲养一条。

红珊瑚鱼 *Aulonocara jacobfreibergi*

金松鼠鱼 *Aulonocara baenschi*

阿里鱼 *Sciaenochromis fryeri*

特兰斑马鱼 *Pseudotropheus zebra*

非洲王子鱼 *Labidochromis caeruleus*

珍珠虎鱼 *Altolamprologus compressiceps*

六间鱼 *Cyphotilapia gibberosa*

非洲凤凰鱼 *Melanochromis auratus*

航空母舰鱼 *Astronotus ocellatus*

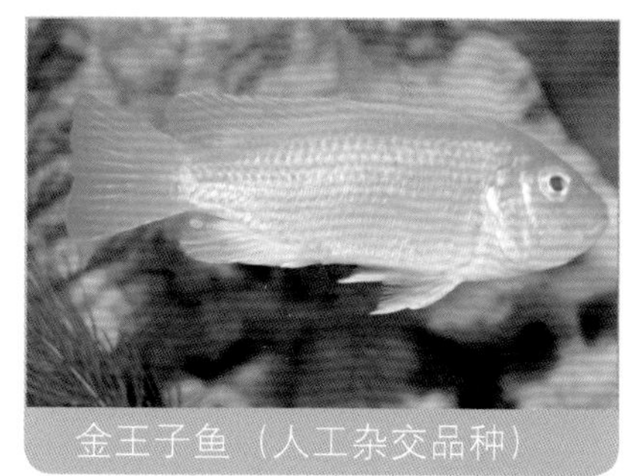
金王子鱼（人工杂交品种）

雪鲷鱼 （人工杂交品种）

# 第九组：中型鱼

一些体长在 20 ~ 40 厘米的鱼也是很受欢迎的品种，因为这个个体的鱼容易欣赏，也不需要太大的饲养空间。只不过，这些鱼没有什么代表性，也不成大的系列。有的时候，人们把它们和其他鱼搭配起来饲养，有时候单独饲养。本组中的红箭尾异型是一种喜欢啃木头的素食鱼，是当今比较流行的收藏品种（L 编号类）。其余都是适应性很强的鱼。

红钻石鱼 *Hemichromis lifalili*

金菠萝鱼 *Cichlasoma severum*

银鲨 *Balantiocheilus melanopterus*

红尾平克 *Chalceus macrolepidotus*

红剑尾异型 *Pseudacanthicus serratus*

红尾皇冠 *Aequidens rivulatus*

## 第十组：咸水鱼

生活在河流入海口地区的鱼称为咸水鱼或汽水鱼，作为观赏鱼的也就十来个品种，这些鱼没有鲜艳的颜色，但生长得很怪异。非常容易饲养，而且生长速度很快。本组鱼体长在 20 厘米左右，不挑食，能接受任何饲料。可以和第八组鱼混养。

蝙蝠鲳 *Monodactylus sebae*

射水鱼 *Taxotes jaculator*

金鼓鱼 *Scatophagus argus*

## 第十一组：适合水族箱中欣赏的金鱼

金鱼是最好养的鱼，也是最难养的鱼，好养是因为它们是本土池塘中繁殖出的观赏鱼，适应能力很强。难养是因为人们在运输过程中太不在意它们了，造成很多个体没有出售前就已经患有疾病。大多数金鱼是适合放在盆里俯视欣赏的。但也有一部分适合饲养在水族箱中。金鱼吃水草，不能和水草饲养在一起。

红虎头

黑白龙睛

鹤顶红

五花燕尾

红白流金

元宝狮子头

福寿

五花文鱼

皇冠珍珠

短尾龙晶

龙晶珍珠

## 第十二组：海水神仙鱼

海水神仙鱼是观赏鱼中最绚丽的一组，个体一般在 30 ~ 50 厘米，它们强壮易养，不过死亡率却很高，因为大多数海水神仙鱼捕捞于自然海域，身上携带有大量寄生虫，一旦到了水族箱环境中，这些寄生虫会大肆繁殖，使全箱鱼感染、死亡。因此，饲养它们是有一定的难度的，如果你不细心研究一下鱼病，恐怕是养不好的。神仙鱼吃珊瑚，不能和珊瑚一起饲养。

紫狐鱼 *Bodianus rufus*

耳斑神仙 *Pomacanthus chrysurus*

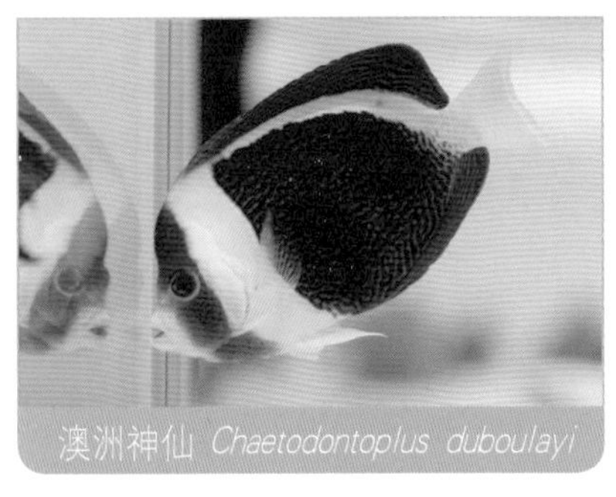
澳洲神仙 *Chaetodontoplus duboulayi*

女王神仙 *Holacanthus ciliaris*

美国石美人 *Holacanthus tricolor*

斑马倒吊 *Acanthurus triostegus*

法国神仙 *Pomacanthus paru*

澳洲蓝面神仙 *Chaetodontoplus personifer*

红海骑士 *Acanthurus sohal*

马鞍神仙 *Euxiphipops navarchus*

国王神仙 *Holacanthus passer*

## 第十三组：配合珊瑚缸饲养的海水鱼

小丑鱼、各种魔类鱼是最适合饲养在珊瑚水族箱中的，另外一些中体型的倒吊鱼（体长 20 厘米左右）也可以配在 200 升以上的水族箱里。这些鱼不攻击珊瑚和海葵。本组中的火焰神仙和火背神仙都是体长不超过 10 厘米非常精致的小鱼，它们如同珊瑚礁中的精灵。这些鱼不挑食，能接受人工饲料。

青魔 *Chromis viridis*

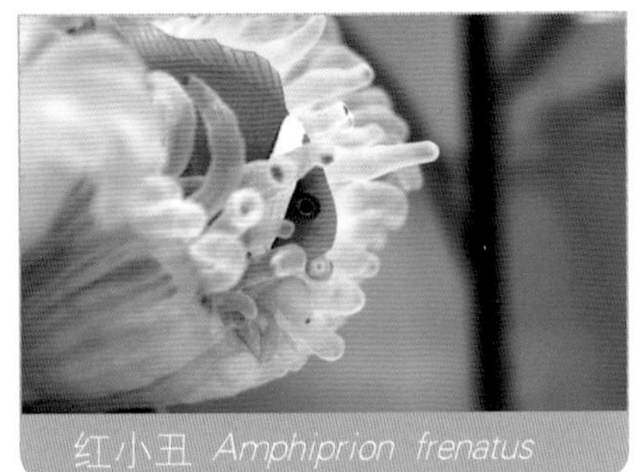
红小丑 *Amphiprion frenatus*

粉蓝吊 *Acanthurus leucosternon*

黄金吊 *Zebrasoma flavescens*

黄肚蓝魔 *Chrysiptera hemicyanea*

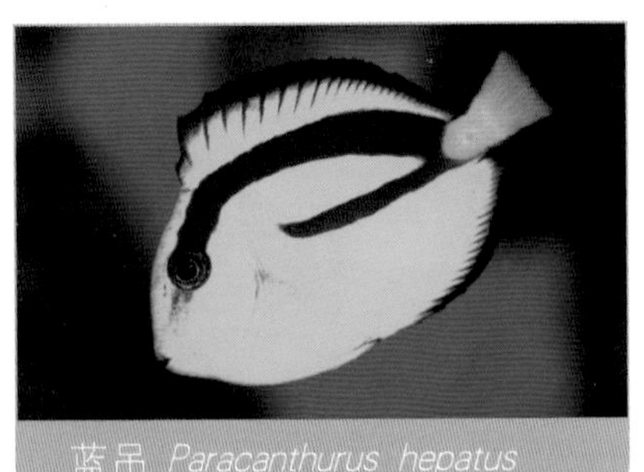
蓝吊 *Paracanthurus hepatus*

三间雀 *Dascyllus aruanus*

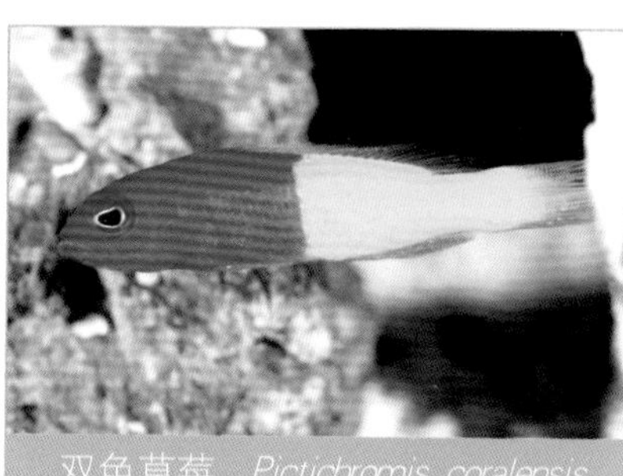

双色草莓 *Pictichromis coralensis*

玫瑰 *Sphaeramia nematoptera*

火焰神仙 *Centropyge loriculus*

火背神仙 *Centropyg acanthops*

## 第十四组：蝴蝶鱼

蝴蝶鱼是很漂亮的观赏鱼，不仅颜色鲜艳，而且游泳的时候非常飘逸。从海水观赏鱼走入市场那天开始，人们就一直关注蝴蝶鱼，不过很少有人能将蝴蝶鱼饲养 3 年以上。它们在大海里主要吃珊瑚和海绵，人工饲料虽然也吃，但时间长了会营养不良。炮弹类和蝴蝶鱼饲养在一起非常好，它们攻击小型鱼，吃珊瑚，但对 20 厘米左右的蝴蝶鱼很友好。不是经验丰富的爱好者，请不要选择饲养蝴蝶鱼。

人字蝶 *Chaetodon auriga*

双印蝶 *Chaetodon ulietensis*

单印蝶 *Chaetodon lineolatus*

月光蝶 *Chaetodon ehippium*

魔鬼炮弹 *Odonus niger*

小丑炮弹 *Balistoides conspicillum*

黑白关刀 *Heniochus acuminatus*

金发天狗 *Naso lituratus*

狐狸鱼 *Siganus vulpinus*

## 第十五组：阴性水草

这一组水草是最常见、最容易饲养的，它们在标准水族箱的光照下，使用自来水饲养就可以生长得很好。因为不需要很强的光照，所以被称为阴性草，它们只需要流明值在800流明左右的灯光就足够了。给不给肥料都无所谓，反正这些水草长不快。如果你用软水、强光饲养它们，反而会生长得不好。

温蒂椒草 *Cryptocoryne wendtii*

露西椒草 *Cryptocoryne lucens*

泡泡椒草 *Cryptocoryne hudoroi*

巴特榕草 *Anubias barteri*

小榕草 *Anubias nana*

剑榕草 *Anubias lanceolata*

陪西椒草 *Cryptocoryne petchii*

黑木蕨 *Bolbitis heudelotii*

墨丝 *Vesicularia antipyretica*

## 第十六组：中光水草

本组水草属于中光水草，也就是光强点儿、弱点儿都能活。一般适合流明值为 1000 ~ 2000 流明的光照。在标准水族箱内也能养活，但光照不足，水草的颜色欠佳。最好饲养在软水中，当然也能接受自来水饲养，同样会影响颜色。需要定期添加铁肥，否则会生长不良。菊花草、紫玉竹在强光下生长很快。四色睡莲，在强光下会从叶片中心生长出小植株繁殖。

四色睡莲 *Nymphaea micrantha*

铁皇冠 *Microsorium pteropus*

菊花草 *Cabomba caroliniana*

紫玉竹（人工杂交种）

宫廷草 *Rotala rotundifoliavar*

虎耳草 *Bacopa lanigera*

火花百叶草 *Hydrothrix gardneri*

天胡荽 *Hydrocotyle sibthorpioides*

## 第十七组：阳性水草

阳性草即需要强光才能生长好的水草，是水草家族中最优美的一个群体。它们最娇气，需要用低硬度的水来饲养，而且需要安装一台纯净机。要想让阳性草展现出缤纷的色彩，就必须让光照达到2500流明以上，而且要向水中添加二氧化碳。当水草疯狂生长时，每天都需要大量的肥料添加。高温也会让红色草失去颜色，必须控制水温在28℃以下。

古巴叶底红 *Ludwiga inclinata var*

红蝴蝶 *Rotala macrandra*

牛顿草 *Didiplis diandra*

小艾克草 *Eichhornia diversifolia*

稻穗草（人工改良种）

印度黄玫瑰（人工改良种）

矮珍珠草 *Glossostigma elatinoides*

绿蝴蝶草 *Nesaea icosandra*

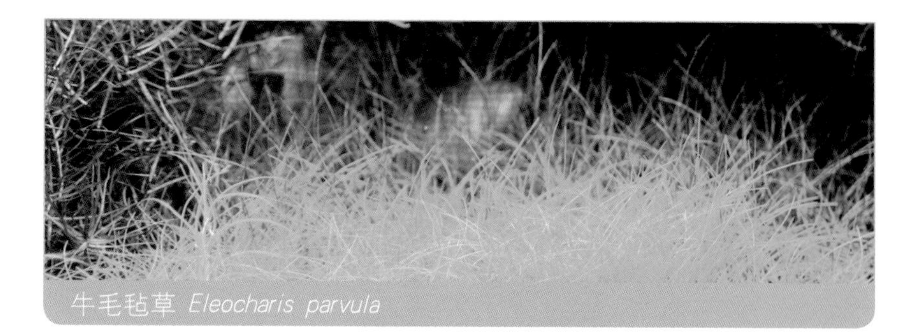

牛毛毡草 *Eleocharis parvula*

## 第十八组：单株美丽型水草

单株美丽型的水草都是大型水草，泽泻、石蒜、睡莲三科占据了主要地位。这些水草喜欢中等光照，因为植株巨大，建议不和其他草搭配饲养，一般作为养鱼的点缀。这些草都可以适应本地自来水，生长速度适中，如果养得好，会在水族箱内开花。

皇冠草 *Echinodorus tropica*

象耳草 *Echinodorus parviflorus*

网草 *Aponogeton madagascarensis*

小喷泉草 *Crinum calamistratum*

大喷泉草 *Crinum natans*

红海带草 *Barclaya longifolia*

水芹 *Ceratopteris thalictroides*

绿藻球 *Cladophora aegagrophila*

## 第十九组：硬骨珊瑚

本组内珊瑚都是最常见的市场品种，具有坚实的碳酸钙骨骼。珊瑚是一种十分难养的动物，而且全部采集于野外。如果不是具有很高的技术，建议不要饲养，既浪费钱又破坏环境。本组珊瑚需要生活在22 ~ 26℃，比重为1.022 ~ 1.023的低营养盐光照充足的海水中。每周至少换水一次，换水量为全水族箱容积的1/3。即使这样，如果不能定期喂给轮虫等活饵，它们也活不过一年。

太阳花 *Tubastrea aurea*

糖果脑 *Blastomussa* sp.

脑珊瑚 *Symphyllia valenciennesii*

圆帽珊瑚 *Goniopora gigas*

八字脑 *Trachyphyllia geoffroyi*

榔头珊瑚 *Euphyllia ancora*

飞盘珊瑚 *Fungiidae sp.*

气泡珊瑚 *Plerogyra sinuosa*

尼罗河珊瑚 *Euphyllia picteti*

## 第二十组：难饲养的珊瑚

本组珊瑚是现今水族箱生物中最难饲养的类别，常被称为小水螅体珊瑚（SPS）。本书没有足够的篇幅介绍这些珊瑚的饲养，如果想要得到相关信息，请参阅作者出版的《礁岩生态缸》一书。这些珊瑚需要至少2500流明的光照，而且水中不能存在高于0.03毫克/升的营养盐。它们也需要吃活轮虫，而且对水质变化非常敏感，购买十片，死伤八九是常见的事情。

鸟巢珊瑚 *Seriatopora* sp.

萼柱珊瑚 *Stylophora* sp.

玉米珊瑚 *Pocillopora eydouxi*

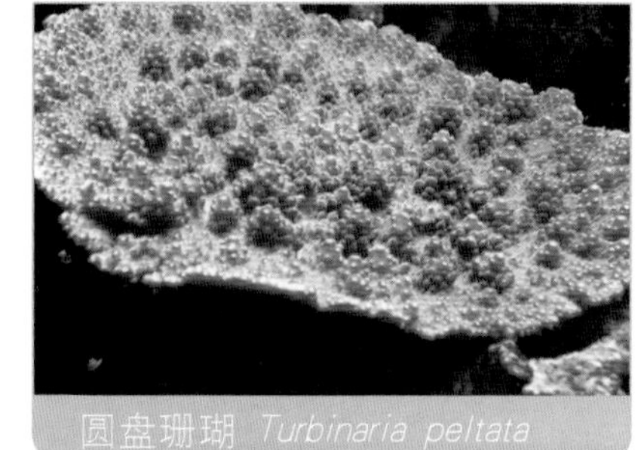

圆盘珊瑚 *Turbinaria peltata*

千星珊瑚 *Caulastrea furcata*

猫眼珊瑚 *Favites* sp

鹿角珊瑚 *Pocillopora damicornis*

蓝长枝 *Acropora* sp.

火柴头珊瑚 *Euphyllia glabrescens*

## 第二十一组：软珊瑚和海葵

海葵是可以在人工环境下饲养很久的动物，我们可以用剥了皮的虾仁喂养它们。如果你的水质够好，它们还能分裂繁殖成多个。海葵可以和小型海水观赏鱼饲养在一起，蝴蝶鱼、神仙鱼、炮弹鱼对它们有伤害。海葵需要生活在 22 ~ 28℃，比重 1.022 ~ 1.023 的海水中，如果光照不良它们会失去颜色，如果没有水流它们会窒息死亡。长时期的高温会让它们萎缩。

皮革珊瑚 *Sarcophyton sp.*

软指珊瑚 *Sinularia flexibilis*

鸡冠珊瑚 *Dendronephthya sp.*

红手指 *Alcyonium palmatum*

纽扣珊瑚 *Palythoa japonica*

地毯海葵 *Stichodactyla gigantea*

红海葵 *Entacmaea quadricolor*

千手佛 *Cerianthus membranaceus*

香菇珊瑚 *Discosoma* sp.

## 第二十二组：淡水无脊椎动物

淡水中的虾和螺是这几年开始流行的水族新宠物，当然水晶虾的高价格存在炒作的问题。这些小型无脊椎动物体长不超过 5 厘米，非常适合饲养在水草水族箱中和小型观赏鱼搭配在一起。需要注意的是，黄金螺等体长超过 5 厘米的螺类是吃水草的。无脊椎动物不耐高温，水温应控制在 28℃以下，水晶虾还需要近乎纯净的软水。它们寿命很短，但繁殖很快，只要水质合适，它们就能大肆繁殖。

金刚水晶虾（人工改良种）

水晶虾（人工改良种）

黄金米虾（人工改良种）

琉璃虾（人工改良种）

虎斑虾（人工改良种）

红琉璃虾（人工改良种）

熊猫水晶虾（人工改良种）

蜜蜂角螺 *Clithon* sp.

黄金螺 *Pomacea* spp.

苹果螺 *Planorbarius corneus*

红兔螺（学名不详）

## 第二十三组：海水无脊椎动物

除珊瑚以外，海水虾、蟹、海星、海参等，也不乏美丽的品种。本组中除了海星会伤害珊瑚外，其他品种都是珊瑚水族箱中非常不错的点缀。对珊瑚有伤害的鱼类，同时对它们也有伤害。清洁虾可以帮鱼类去除身上的寄生虫，很少被鱼吃掉。别的虾就没有那么幸运了，它们是大鱼喜欢的点心。

红脚寄居蟹（学名不详）

海星 *Protoreaster nodosus*

海苹果 *Pseudocolochirus* sp.

海兔 *Chromodoris quadricolor*

五爪贝 *Tridacna crocea*

石管虫 *Serplid magnifica*

火焰虾（学名不详）

羽毛星 *Comanthus bennetti*

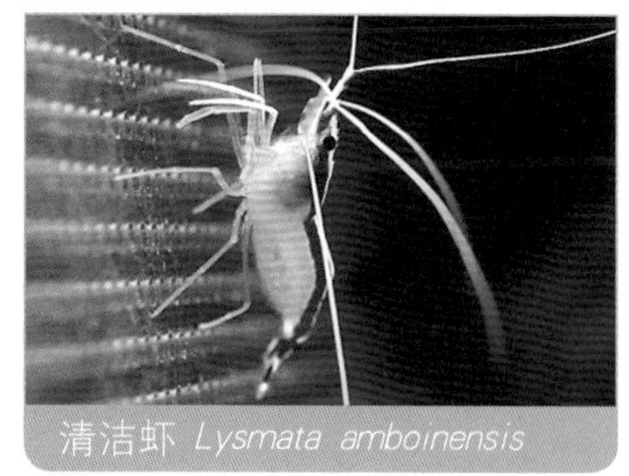

清洁虾 *Lysmata amboinensis*

鱼类之间的打斗是导致疾病和死亡的罪魁祸首。

# 附加知识

## 治鱼病

**稳定是硬道理：**有些朋友买鱼回家后，终日操劳、今天换水、明天加药、后天改过滤，整天喂食。然而，鱼却天天死，水草也养不活。追究根本，是不能保证水族箱环境的稳定。当你拥有一个水族箱后，要尽量保持内部环境的稳定，温度、水质最好不要有大幅波动，喂食要定时定量，换水要定期定量。保持稳定，生物才能活得很好。

即便抛开鱼，只要饲养得好，水族箱内的一株草都是那样的美丽动人……

# 防病

说到鱼病，大多数养过鱼的人都会说：”养鱼经常死，不死鱼就不叫养鱼“。是的，鱼这种动物在家庭饲养中，远比狗、猫、鸟甚至蟋蟀的患病死亡率高。这不是因为鱼娇气，而是它和我们生活在不一样的环境中。在所有家养观赏动物中，只有鱼不是和我们一样呼吸空气的，它们在水中汲取溶解氧。我们对它们的环境是如此陌生，因此，我们并不了解鱼。“子非鱼，焉知鱼之乐”，也可以说成，“子非鱼焉知鱼之病”？

狗病了汪汪、猫病了喵喵、鸟病了炸毛、小朋友病了哎呦哎呦地哼哼，然而，因为生活环境不同，鱼病了的表现我们却很难看出来，当我们发现水族箱中的某条鱼似乎有些不对劲的时候，可能它已经病入膏肓了。所以，大多数时候，当你的鱼病了，你辛苦地为它买药回来治疗，却从来没有治好过。

因此，鱼病防重于治疗，只有将鱼病控制在几乎为零的状态下，才能真正保证你的鱼处于安全状态。这并不困难，因为鱼能得的病很少，它们很健壮，即使看起来最渺小脆弱的红绿灯鱼，也要比最强大的哺乳动物患病几率小。鱼之所以会得病，主要原因是水质太坏了，或者是你从外面带回了致命的病原体。只要保证以下两点，鱼就安全了。

第一，要勤快，虽然现在水族箱技术突飞猛进地发展，但养鱼仍然是属于勤快人的爱好。定期清洗过滤器和换水都是非常必要的，要记住，不论商店的售货员如何推销他的免换水、免清洗鱼缸你都不要信。他也许连硝酸盐是什么都不知道，不要认为水很清亮就很干净。所以，每逢休息日，要给鱼换些水，1/3 是比较合适的量。还要清洗过滤器中的过滤棉，并用换出来的水涮洗陶瓷环和生物球。我们无法感受到水下环境的清洁程度，但是用我们生活的环境设身处地地比喻，如果 3 个月不给鱼换水，它就如同终日生活在公共厕所里，而且这个厕所没有上下水管道。

第二，不要经常买鱼，除非你买一次鱼就买一个水族箱，新鱼很可能携带病原体。观赏鱼在离开养殖场或捕捞地后，要经过长途运输才能达到目的地，而这过程中，要反复暂养包装几次。最危险的就是中间商的暂养情况，因为利润可观，为了节约成本，中转的鱼往往紧密地生活在狭小的空间里，而且水质非常差。这时候，只要有一条鱼患病，其他鱼将都被感染，被感染的鱼在运输和出售的几天里不会大规模发病。一旦到了你的水族箱中，病情就会发作，并且感染其他鱼。

所以，当你已经拥有了一个心仪的水族箱后，请尽量少买鱼，如果非要买，一定隔离饲养几天，哪怕先饲养在水桶中，看它完全健康，再放入水族箱中。

## 三药六法一招绝

如果你的鱼患病了该怎么办？

通常观赏鱼的书籍上会罗列出几种鱼病。如白点病、白毛病、打印病、出血病等，说出它们的病原、病症，然后罗列几种化学药物。你也可能通过鱼店老板知道什么药治什么病。但以上两种方法大概都帮不了你什么忙。

首先，大多数观赏鱼书籍是按水产养殖模式写的，那些用药方法是给养殖系大学生看的，然后供他们做实验。如果你不是养殖或化学专业的，那些计算方法和药物的量取都将让你一头雾水。并且，观赏鱼的品种繁多，谁知道你养的是哪一种？通常书上的用药方法是针对水产的一些鱼类，有些观赏鱼根本受不了。比如：小丑鱼就不能忍受硫酸铜，虎皮鱼则怕福尔马林，无鳞的鱼根本不能接受药物。还有不同地域亚种对药物的承受能力完全不同，产于菲律宾海的皇后神仙鱼在接受抗生素类药物的时候没有什么不良反应，但红海地区产的却会因使用青霉素而迅速死亡。所以，对于一本观赏鱼的书来说，用药治病这部分其实完全可以省略，因为没有人能将全部观赏鱼都治疗一遍，并总结经验编辑成册。

其次，市场上出售的不少观赏鱼药，并不是真正的观赏鱼生产者研究的，鱼店老板之前可能也不是干这行的，他们很难准确弄清楚你的鱼到底需要怎么治疗。观赏鱼成品药大多是从水产品药物中筛检稀释出的几个品种，平时保健还可以，治疗则作用不大。我想，有些人可能已经试验过，并且失败过。

那么怎么办呢？

除了做好预防工作外，我想家庭养鱼只需要用到三种药物，使用六种方法处理鱼病，最后还有一个绝招。这些方法是笔者走南闯北期间，和一些民间老艺人、渔场主及养了一辈子鱼的老爱好者学来的，笔者多次尝试，总体来说还是比较灵的。





## 三种药

家庭养鱼要常备三种药物，硫酸铜、孔雀石绿、敌百虫。这些药在水产食用鱼养殖上已经禁止使用，但在观赏鱼市场还能购买到，很便宜。

### 硫酸铜

硫酸铜是饲养海水鱼和多数热带鱼必备的药物，它可以杀死可恶的纤毛虫，也就是白点病的病原体。目前，针对纤毛虫，还没有什么药比硫酸铜更奏效。用量是 0.025 毫克／升，容积 200 升的水族箱内放小米粒大小的一撮就可以了（因为，大多数人家没有电子天平，所以，我用这种计量方式）。如果把鱼捞出来短期浸泡，可以使用 0.25 毫克／升的计量，浸泡不可超过 20 分钟。建议水族箱发病后，先将鱼捞出来浸泡 20 分钟，再满缸下药。光浸泡鱼体是不管用的，因为水中仍然有虫卵。硫酸铜对其他寄生虫似乎不是很管用，还好，水族箱中最常见的就是纤毛虫。小丑鱼、狮子鱼、所有没有鳞的鱼以及包括金鱼在内的大多数鲤形目鱼类，不能使用硫酸铜。

下药方法是将硫酸铜融化在纯净水中，然后分多次加入水族箱中，先少后多，如果在加药过程中，发现鱼上浮到水面并快速开合鳃呼吸，则是不良反应，应马上停止用药，并换一部分新水。

硫酸铜还可以消灭水中的藻类和无脊椎动物，是水草水族箱灭藻的利器，不能使用于饲养有珊瑚和其他海洋无脊椎动物的水族箱。

像蚂蚁灯这样的小型怕药鱼类，如果在高温情况下患了白点病，就可以扔掉了，神仙也救不了它

孔雀石绿

家庭水族箱第二常见病是白毛病（水霉病），孔雀石绿是它的克星。主要用在金鱼、孔雀鱼和一些慈鲷鱼，这些鱼最爱患白毛病，其他鱼很少得。白毛病是真菌附着在鱼体上，类似我们的脚气和头皮屑，而且，要严重得多，会致鱼以死地。和硫酸铜对白点一样，孔雀石绿对付白毛病是最有效的。教学上的用量是每 100 升水 2 克孔雀石绿短期浸泡。我没有实验过这个剂量，只是按经验，每 100 升水中加两个黄豆粒大小的剂量，并配合放 250 克大盐（腌菜盐，加碘食盐不可用）。使用孔雀石绿会对水族箱中的硝化细菌造成破坏，往往下药后水会浑浊。

敌百虫

一些从市场买来的中大型鱼（体长 15 厘米以上）身上带有各式各样的寄生虫，敌百虫对付它们是最奏效的。敌百虫不能满缸泼洒，非常危险，容易致鱼死亡，只能作为短期浸泡药物。通常是给新来的鱼除虫，用一个水桶放 5 升水，加入黄豆粒大小的一撮敌百虫，浸泡鱼 20 分钟，就可以杀死绝大多数鱼身上的寄生虫。金鱼、慈鲷最需要用，也最管用，小型鱼（体长小于 10 厘米）没有必要用，敌百虫加入碱性水中会生成敌敌畏，所以海水鱼不能使用。

## 六种方法

加盐

给淡水鱼治病，加盐是一般爱好者最常用的方法，有的时候，只要水族箱中不饲养水草，每次换水多少加点儿盐，还能起到防病的作用。盐的最大作用是杀灭、控制细菌。如果你发现鱼有些轻微的烂鳍、烂嘴就加点儿盐试试，多半管用。

提高水温加大水流

当水温提高的 28°C 以上的时候，可以有效阻碍导致白点病的纤毛虫类繁殖。有治疗白点病的作用，通常对付怕药物的小型观赏鱼白点病，都用这个方法，当然，治愈率只能在 50% 左右，有些白点不一定是纤毛虫引起的，所以，加温也不奏效。

提高水温的另一个作用是加速鱼的新陈代谢，使它在患病初期食欲旺盛，爱运动。这时，鱼自身的免疫能力增强，有些能不治自愈。加温的同时用水泵加强水流，对金鱼、大型热带鱼、海水观赏鱼都非常有用。水流的加快让它们分泌更多的黏液来保护自己的皮肤，并且不能停留在水的一个角落里，使细菌有大肆侵袭的可乘之机。这里说一下，往往寄生虫疾病后伴随的就是细菌感染，因为寄生虫的叮咬，让鱼体黏液增多，有些鳞片脱落皮肤裸露，给了细菌良好的生长温床。

多换水

鱼是自我恢复能力很强的动物，在水质量良好的情况下，多数病都可以自愈。我们经常看到在低密度饲养条件下，鱼几乎不患病，并不是说那样的水体里没有病原体存在，而是水质良好，鱼健壮活跃，病虫细菌难以侵害。即使有少量寄生虫，也造不成严重危害。多换水，可以让水质一直处于良好状态，换水还能带走寄生虫卵和细菌孢子，对抑制鱼病有很好的作用。

春天里，雄性金鱼雄鳍上的白色斑点不是疾病，而是它该谈恋爱时出现的第二性特征

晒太阳

万物生长靠太阳，对于金鱼和小型热带鱼来说，没有什么比每天晒晒太阳更保健的事情了。阳光能促进鱼体内维生素的合成，增强鱼的体质；阳光还是很好的杀菌“武器”，有些寄生虫的卵不能在有光条件下孵化；保持长时间光照，可以让寄生虫断子绝孙。

不间断光照

在家庭养鱼中，获得阳光并不容易，不过我们有照明灯。虽然灯没有阳光那么好使，但不间断的照射，对被细菌和寄生虫感染的鱼来说，是有一定的治疗效果的。

把病鱼扔掉

俗话说，“不能让一马勺坏了一锅汤”。当你觉得确实没有能力把鱼病治好时，可以把病鱼扔掉。虽然这样不人道，但它避免了大规模传染。给鱼安乐死的最好办法，是把鱼放到冰箱的冷冻室内，我虽然没有这样亲身尝试有没有痛苦，但从生物学角度看，这样给鱼带来的痛苦，比冲下马桶和干死都好受得多。虽然摔死痛苦最小，但大多数人下不去手。

## 一绝招

淡、海水互换

还记得医生说海水浴能治疗人们的皮肤病吗？这个方法对鱼一样奏效。鱼类患的大多数是皮肤病，给淡水鱼做海水浴，可以治愈。有的时候，鱼得了莫名其妙的病，扔到海水里两天就好了。海水浴不是盐水浴，海水里不仅有盐分，还有很多矿物质，比如钙、镁、钾、碘等，这些矿物质可以有效地抑制淡水细菌和寄生虫。当然，海水是碱性硬水，必须生活在酸性软水中的鱼就不能用了。事实上，我一直同时饲养海水鱼和淡水鱼，当海水鱼得病了扔到淡水水族箱里养几天，当淡水鱼得病了扔到海水水族箱里养几天，它们多数都痊愈了。

海水鱼进入淡水治疗皮肤病的原因主要是渗透压，海水鱼很少患细菌类疾病，主要令人头疼的是寄生虫。当它们进入淡水后，身体渗透压不平衡，体液会释放出来，寄生虫也随之脱落。一些寄生虫本身受不了淡水的比重，会自爆而亡。海水中的一些小型鱼不能接受淡水浴，淡水会让它们痉挛，比如虾虎类。人工海水的获得，前面已经说过，这里不再赘述了。一般海水鱼在淡水中能存活4小时，体长超过30厘米的品种，甚至可以活一周。而多数淡水鱼在海水中能活2～7天，如果你向海水中加入1/3淡水，它们就能永久地活下去，多数淡水鱼不怕盐分和矿物质。总之，我之所以把这一点单提出来称为绝招，是因为这种治疗方法很省事，虽然不包治百病，但对于鱼类体表疾病来说，却是屡试不爽的。

最后要记住，对于数以千计品种的观赏鱼来说，治疗疾病没有什么专家，只要你耐心摸索，肯定能掌握你所喜欢的几种鱼的疾病治疗全攻略。

# 后记

书不尽言，

更多新知，请关注馨水族工作室……

www.newaqua.cn

官方微博：馨水族